笔记的魔力

メモの魔力

[日] 前田裕二 著

中国青年出版社
CHINA YOUTH PRESS
中青文传媒

图书在版编目（CIP）数据

笔记的魔力 /（日）前田裕二著；李优雅译.
—北京：中国青年出版社，2021.11
ISBN 978-7-5153-6357-8
Ⅰ.①笔… Ⅱ.①前… ②李… Ⅲ.①成功心理－通俗读物 Ⅳ.①B848.4-49
中国版本图书馆 CIP 数据核字（2021）第063138号

笔记的魔力

作　　者：〔日〕前田裕二
译　　者：李优雅
策划编辑：刘　吉
责任编辑：胡莉萍
文字编辑：方荟文
美术编辑：张　艳
出　　版：中国青年出版社
发　　行：北京中青文文化传媒有限公司
电　　话：010-65511270 / 65516873
公司网址：www.cyb.com.cn
购书网址：zqwts.tmall.com
印　　刷：大厂回族自治县益利印刷有限公司
版　　次：2021年11月第1版
印　　次：2021年11月第1次印刷
开　　本：880×1230　　1/32
字　　数：150千字
印　　张：8
京权图字：01-2019-6723
书　　号：ISBN 978-7-5153-6357-8
定　　价：59.00元

目录

序章

掌握“笔记思考”让你勇往直前

“你怎么总是在做笔记？”

“真的有那么多值得写的东西吗？”

“每次写完之后你还会再回头去看吗？”

说起来毫不夸张，几乎每隔几天就会有人问我这样的问题。我确实在一年365天里，尽可能多地写下了数量惊人的笔记。早晨起床之后，一直到晚上睡下之前，我总保持着随时都能处于笔记思考的状态。也有人说：“都到这种程度，你是不是疯了，简直可以称为思考狂人了。”经人这么一说，我才开始思考“我为什么要这么做”，去尝试对笔记思考背后的意义进行探索，这也正是执笔写这本书的最初契机。

在观看电影或者演出时，我也会整理当时的感受并写下大量的笔记。通常围绕一部作品，最多的时候我能写上百个要点，最少的时候也能写出几十个，甚至有一次在被问道“你觉得那场演出怎么样”时，我回答说：“相当不错，我写下了10条感想……”把别人吓到逃走了（笑）。

走在街上，我也会去思考“那家店的招牌为什么要设计成那样”“这个广告的宣传内容为什么会设计成这样”，一边走着，一边留心观察周围的事物，一心想要捕获更多信息。我以这样的形式与街道保持着对话，一旦有所疑问和发现便会停下来写笔记。

每当热门电影、电视节目，或者网络等媒体中出现各种热点时，我就会兴奋不已，立刻去试着分析“为什么这个会火起来”，然后写出自己的想法。平时参加活动时或者在聚餐的场合也是一样，征得对方的允许后，只要自己脑中有了任何新发现、新想法，我就会全部记下来。

在求职的那段日子里，我也曾不断地对自己进行深度剖析，写下了30多本属于自己的“自省笔记”。我甚至会把自己对创业的想法也写到笔记本上，攒下来的商业模型已有上百个。

为何我会如此疯狂地执迷于记笔记呢？

这是因为我始终抱有一种直觉：在“明明不可能存在魔法”的艰辛人世间，笔记思考却是可以改变人生的那种“魔法”。而我也坚信，它的魔力会在未来引导我的人生变得更美好。

究竟，这是一种怎样的魔力呢？笔记思考能够将日常生活中所有的琐碎都转变成抽象的创意。就算是看似毫无价值的、任谁都会轻易忽视的寻常小事，笔记思考也可能将之转化成新的点子。笔记思考的魔力就是将日常生活的点滴转变成一个个奇思妙想。

此外，笔记思考的作用并不仅仅是提供创意。

当你把“自己”作为思考对象，你会看清楚“自己是一个什么样的人”，即能够对自己进行深度剖析。一旦谈及“自己是一个什么样的人”这类话题，也许有人会说“这个时候去自我剖析有什么用呢”，其实不然，真正了解自己才是当今时代最重要的事。在我看来，今后这个世界将是一个追求个体“内在价值”的“价值经济社会”，更加注重人类的情感与共鸣，而不再只追求金钱上的持有量。正是因为处于这样的时代，那些真正了解自己并专注于自己所热爱的事业的人，才能引发更多人的共鸣，进而成为更具价值的人。

笔记思考是你的“人生指南针”

一提到对自己进行分析的经验，最容易想到的就是在求职过程中所有人都会经历的“自我分析”。然而，这其中恐怕有不少人都是抱着“为了应付面试才不得不做”的心态来对待这件事的吧。

很多人大概都是迫于形势（至少有一半的人是这样）才会去总结自己喜欢什么，讨厌什么，擅长什么，以及不擅长什么。

据我了解，很少有人能够将自我分析做得十分彻底。大多数人做到一半就放弃了，没能完全了解自己、客观看清自己的情况，就听天由命、漫不经心地过着自己的生活。这自然也不失为一种生活态度，我也没有要去否定它的意图。不过前提是，你是否已经想清楚了“自己的幸福之道就是要过这种没有可比性的人生”。

如果突然问你“你是一个怎样的人”“你想要做什么”“你最在意的东西是什么”，是不是很多人都没法立刻答得出来呢？这就是还没有完全了解自己，所以才会每每在需要慎重做出决断的时候有些迷茫或举棋不定。我们好不容易才获得了在这个时代自主把握人生的宝贵权利，却不能好好地去享受它，甚至很有可能就白白浪费掉这样的机会。

现代的社会已经远远好过战争时期和被等级制度压迫的时期了，不用再受到过多的约束，还能相当自由地生活；生活方式也多种多样，可以随意选择自己想做的事。可正因为自由，也会产生相应的困扰，又该迷茫自己究竟要以何种方式生存下去才会幸福，数不清的人们迷失于人生之旅中。也许还有人正想着，哪一天有谁会来告诉我应该如何生活就好了。

如果深入了解了自己，能依照自己清晰的价值观与生死观一路朝着正确的方向勇往直前，就能在人生道路上获得正确前行的指南针。这里的指南针就如同“人生的坐标”，拥有了它，你就不会再迷路；而没有它，你将时常迷失方向，无法大步地向前迈进。找到自己所爱的事物、自己认定的幸福目标，才会拥有动力让自己勇往直前。

要想真正了解自己，并找到坚定的“人生指南针”，这本书所介绍的“笔记思考”就是一种很实用的工具，它将助你有效地发挥出这种能力。

“笔记思考能改变人生”这件事，并不是为了这次要写的这本书而夸大其词，而是100%出于我的肺腑之言。将信息变成创意，客观看待自己并理解自己，从中获得“人生指南针”，这就是笔记思考能带给我们的改变。

笔记思考是为了释放我们更多的可能性，这个让人振奋的独一无二的好伙伴，能将人类改变为更好的自己。

笔记思考能助你梦想成真

笔记思考的魔力，在于它能将我们的梦想变为现实。

在这仅有一次的人生中，我们时常会想“实现这样的愿望”“试试那件事”“如果能这样就好了”……要知道，总是把这些假设放在心底它们是不可能成为现实的。因为不知不觉中渴望的心情就会变淡，最终消失得无影无踪……我们心中的很多愿望都是止步于此。

笔记思考就能避免这种问题。将梦想与愿望都写到纸上，这些想法就会变得更加强烈。成为白纸黑字的东西会让你反复去看它，从而使想法变成一种实实在在的东西，愿望得到强化就会牢牢地记在心间。

在如今的社会，那些我认为真正强大的人都是属于“想法很强大”的人，他们志向高远、有梦想、有激情。这样讲可能会过于主观，但我认为只有那些具备了坚定的人生定位、极富人情味的人，才能坚定地勇往直前，成为整个社会不可忽视的存在。

即使我也还正走在实现梦想的路上，但能走到现在的阶段，可以说很大程度上都要归因于笔记思考的力量。事实上，我自幼就失去了双亲，也曾在街边抱着吉他卖唱维持生计，现在回想起来，也正是因为当时反复地实践过所谓的“PDCA”[①]，在小小的笔记本上逐一设想“怎样才能吸引到更多的客人”“怎样才能增加回头率”“如何才能吸引客人主动掏钱”等各种问题。当然，那时我还不知道“设想”这个词，更不了解“PDCA”这种理论……

在那以后，无论是在学习、求职的过程中，还是创业之后，我都一直把笔记视为自己的伙伴，用来解决人生中遇到的各种难题。因此我才会毫不夸张地说，我能走到今天要多亏了记笔记这个习惯。

一提笔记思考我的大脑就停不下来，所以在此暂且冷静一下，先为读者简单地介绍一下这本书的概要吧。

---

① PDCA，即“PDCA管理循环”，包含计划（Plan）、实施（Do）、检查（Check）、处理（Act）四个环节。该循环为质量管理的基本方法，也是企业管理的一般规律。——编者注

首先在第一章，我将会具体介绍笔记思考的好处与用途，尤其将重点说明如何“通过笔记思考发现生活处处有创意”，即我们应该如何将平日所发生的一点一滴转变为创意，进而推动下一个行动。

接着在第二章里，我将以“笔记加深思考”为题，主要介绍一下“笔记思考”，这也正是本书的关键词。从笔记中产生创意灵感，并让其发挥新的价值，离不开“笔记思考”这一武器。为了使大家在读过这本书之后，能立刻掌握这项“笔记思考”工具，我将通过三种类型分别展开介绍，并具体分享我在平日里是如何进行思考的。

第三章讲的是“用笔记思考了解自己”。无论写过多少笔记、产生了多少新想法、掌握了多么厉害的思考方法，只要还未能确定自己“到底想要做什么”，那么一切都是徒劳。这就好比手上拿着一把尚方宝剑，却没有一个想要打倒的大魔王对手。因此，首先就来定义一下你想要打倒的那个大魔王吧！这也正是通过笔记来了解自己，从而找到自己人生定位的必由之路。但是，怎样才能做到呢？我会为大家介绍前田式的“自我分析笔记”攻略，将自己的经验与收获一一分享给大家。

在第四章里，我将介绍如何“利用笔记思考助你梦想成真”。可能有人会认为这种想法有些玄，但我确实认为在不久的将来，科学会去证明：笔记留下的文字表达可以帮助人们实现梦想。因为我自己就是凭借刻意的力量，不断地将常人认为很难实现的梦想都一一实现了。在这一章里，我将把如何列梦想清单、如何确定优先级、人生轨迹图（life chart）等理论方法都介绍给大家，并且详细说明这些工具是如何帮助我实现梦想的。

最后的第五章，我会再次传达自己的哲学理念——笔记思考是一种“生存技能”。因为我一直认为做笔记并不仅仅是一种“经验之物”，反而更该是一种“态度”，这也正是我一直践行的。将做笔记形成如同每天都要刷牙一样的习惯之后，梦想就很有可能成真。在这一章，我想在具体介绍如何让笔记思考成为一种习惯的同时，也展开谈一谈笔记思考这种生活方式。

在卷末，我还特意准备了“自我分析一千问”。说真的，我若是读者，也会被这份问卷的问题数量吓到。

每次在讲座等场合与大家进行交流时，最常听到的问题就是“我不知道应该做什么才好”，然而这种时候，针对“如何才能找到想做的”，我也总是无法立刻给出具体的答案，因为我也是写下了30多本笔记之后才找到了属于自己的答案。如果针对一个问题需要两页笔记进行分析，以一本平均有60页的大学笔记本来算，1本能写下30个问题，30本就能写下900个问题。而我写完了30多本笔记，所以差不多回答了1000个问题吧。因为不能直接把这1000多个问题笔记公开发表，但要怎么办才好呢？……反复思考之下，才想出让大家也来“回答同样的问题”这一办法。

当然，你没有必要一次将这1000个问题全部都回答完整。

不过，如果你还没想清楚自己应该做什么，对自己的人生感到迷茫，希望大家能够随时回到这个问卷的环节。由于想要囊括所有的“迷茫”可能性，我才准备了这1000个提问，希望能够带领迷失的读者回到自己内心的希望原点，借助这些问题答卷，或许一切就能迎刃而解了。

我特意将那些更关键、更本质的问题放在了前面，回答这些问题能够帮助更多人更快地发现自己最重视的价值观，从而能够尽快发现人生的指南针，找到那条通往自我实现的梦想之路。虽然题为“自我分析”[①]，但除学生以外，那些感觉不适应目前工作而有所迷茫的职场人士也同样可以尝试此份问卷。相信大家一定能够从中有所收获，更有勇气和能力去改变自己的人生。

阅读到此的读者，是不是已经开始想要了解笔记思考了呢？就请保持这份激动的心情，开始探索本书吧，让我们一同寻找这份不可估量的魔力！

欢迎来到奇妙的笔记思考的世界。

前田裕二

① 日语中，该词汇原本多用于求职过程中的自我分析。——译者注

第一章

通过笔记思考 发现生活处处有创意

将笔记视作“第二大脑”

经别人提醒，我才意识到自己每天记笔记的数量超乎寻常，每天几乎轻轻松松就能写下别人一周、甚至一个月的笔记量。

为什么要如此疯狂地记笔记呢？在众多理由中最为重要的一条就是：人生短暂而残酷，因此只想“为最根本的事情投入更多的时间”。

所谓的“根本”，是一种无可复制的创造物、一种无法被替代的事物，即创造性的、会催生新知识的思维，一种由自己独创的难以被取代的笔记思考。想要投入更多的时间在这些有价值的根本性思考上，就需要做笔记。

当然，要做到这一点需要提高对时间的把控，并且耗费大量的精力。但是，伴随着AI的发展以及由此衍生出的各种效率工具，人类的作用也在发生着变化，很明显，在今后那些需要创造性或原创性的工作只会越来越多。在这样的环境下，也就没有多余的思考精力耗在那些附加价值极低的事物上了。因此，对生活在未来社会的我们而言，非常有必要重新看待做笔记这件事，它将会成为笔记思考的基本能力。

我再举一些具体的例子讲讲“需要投入更多时间的根本事物”。比如，“在上次的会议中都讨论过哪些内容”“那次出席过的人都是谁？有多少人”“开会是在什么时候”这类信息并不算是很关键的事，只是一种单纯的“事实”。这类事实都有一个共同的前提，即都是在最初发生之时就已经很确切的了，那么接下来我们应该关注的是：如何思考，如何行动，如何做出进一步的延伸思考才能算创造性。也就是说，为了以后不再花时间去“回想过去的事实”，才需要留下笔记。

笔记，就是可以帮人进行回忆的“第二大脑”。也可以说是一种“外置的硬件设备”，是一种便于事后重新检索而写下的东西。第一大脑自不用说，就是我们自己能够发挥创造力的大脑。

若能将记忆这件事交给“第二大脑”这一外部硬件设备，就能为自己省出脑容量来全力投入到需要创造力的事物上，这样做才能生产出更多的附加价值。“第二大脑”所积攒的事实数据，有时也能成为促使第一大脑产生新创意的灵感来源，因此，提高创造力的第一步就是有意识地去多做笔记。

笔记思考是为了“知识创造”而非“直接记录”

做笔记，分两种做法。

第一种是“直接记录”，即依照事实直接记录、转述信息并保存下来的笔记。“memo”出自拉丁语中的“memini”这个词源，表示“记住”之意。细看之下，在与记忆有关的英文词汇里，如memory、remember这些词也都包含了词根“mem”。大家对于笔记功能的普遍认知就是——避免忘事，而大多数人第一次做笔记往往也是在学校或职场中被要求“记一下笔记”。因此，一说起笔记很多人都会先想到是为了记录某事而写的备忘录。

不过，此书中我想推广的，是笔记的另一种完全不同的功能，这就是第二种笔记——“为了产出新知识而做的笔记”。这种笔记不再仅仅是传达信息，它真正的魔力在于通过记录信息、启发思考，催生出新的富含创造力的知识。为什么这么说呢？下面就是我的见解。

前面曾提到过“为了记录而做笔记”，确实，这会对传达事实起到很大的作用。比如，母亲要让孩子去帮忙买点东西时，鸡蛋、牛奶、纳豆、面包……光是口头这么一说脑子也不一定全部都能记住，所以会在纸上或是如今广泛使用的智能手机上，将清单记下来以免忘记。这就是单纯“为了记录而做的笔记”。可是，这样的工作说得极端一点，不该是人类需要完成的工作，因为没有任何技术含量，机器人就能做到。或者说，像这种仅仅是记录信息的工作，正是计算机最擅长的业务。然而，我们是人类，为了能专注于“只有人才能做的事情”，希望大家可以好好利用我所说的第二种笔记。这就要求我们不是简单地将所发生的事、听到或见到的事物记录下来，而是要进行创意思考、创造出附加价值。带着这种意识去做笔记，你就会发现世界竟然完全变了模样。

笔记思考即“生活”

在学生时代的某节课上，我曾产生过很大的疑惑。那是一堂日本史的课，当时老师将自己整理的笔记写在黑板上，在我眼里，学生也是机械性地抄写在自己的笔记本上。

当然，授课内容经过梳理后讲授起来会更容易让人理解，并不能说其毫无价值。但说实话，当时年少气盛的我就认为“这种机械性的行为不应该由人类完成”。

只有人类才能做的事情，是通过笔记思考、独有的品位和视角来创造出新的想法。它绝不是照着模子抄写信息那样机械性的操作，这样的业务今后只会越来越多地交给机器去完成。

遇见这本书的读者们，真心希望大家能够站在“知识创新”的角度来理解做笔记这件事。

现代人正因为“工作很快就会被AI所替代”这类言论而备感恐慌，唯有做笔记才是最值得我们好好打磨的本领技艺。为了创造出更加稀缺、更可贵的附加价值，我们更应该好好利用属于我们人类最宝贵的时间。

不仅是在工作领域，其实人类自诞生以来的很多创意都是源于平时无意中的某些瞬间，经由“语言化”而形成。这种产生知识的过程就是所谓的“笔记思考”。而且，这种只有人类才能进行的知识创造行为才是工作的精髓。

因此，正如这本书所描述的，作为以知识创造为目的的根本方法，“笔记思考”本身就是工作的一部分。对于像我这样，将自己的人生与生命都投入到工作中的人来说，笔记思考也是我的求生之道。

笔记思考提升五大技能

①　发现创意（提高知识创造性）

一笔记思考，往往会发生很多“好事”。没有实际体验过是不会了解的，所以就当我是在忽悠你也好，请先拿出笔记本试一试吧。在后面的章节我会具体阐释笔记思考的理论方法，现在我想先讲一讲笔记会为大家带来哪些变化。不论做什么，关键都在于刚开始的动机设置。除了这里提到的笔记思考作用中的一大前提（提高知识创造性），还有其他更直接、更具体的魔力。全部一一说明恐怕说也说不完，在这里就先将与大家相关性最高的四个重点要素进行概括。

②　信息不再是“简单接收”（提高信息的传达效率）

我们总是比自己想象的更容易遗忘，可以说是忘性惊人。在开会、聚餐或是演讲等场合下，究竟有多少信息最终能被记到脑海中呢？

比如，对方在五分钟的时间内分享了三点自己了解的必要信息。可实际上，你却仅仅接收到了其中一点，其他两点没能很好地接收到，或者说左耳一进右耳就出去了，导致两人无法好好沟通。因此，你与传达信息的说话者之间就产生了认知的差距，这样的鸿沟只会越来越深。而且，这种案例并不仅限于职场环境，日常生活中也时有发生。相信不少人都曾被问过“刚才说的你都听到了吗”或者反之“能不能麻烦再说得更具体一些”等类似的问题。

不过，一旦养成了笔记思考的习惯之后，我们就能增加接收有益信息的“天线数量”。如果能保持“天线”的接收信号一直处于满格的状态，你就能随时毫无遗漏地接收所有利于知识创造的关键信息。在我看来，那些没有笔记思考习惯的人其实每天都在眼睁睁地错过“宝藏”。越是日常生活中的点滴小事，越可能蕴藏着宝贝，因此我们才需要装上强大的“天线”来发现并捡起它们。

那么，笔记思考要做到怎样程度才算合适呢？我的结论是，应该需要“非常多”。如果要具体描述这种感觉的话，一开始最好能够极端地“写下听到的一切事物”。虽说不用做到录音或者速记的程度，但至少要能涵盖全部的要素、能随时非常集中地进入笔记思考的状态。

除此之外，与其考虑“笔记思考要做到怎样程度才算合适”“要如何笔记思考”这些所谓的HOW理论，不如尽力“全部都记下来”更加有效。

如果现在对方已经提供了100个信息，在没怎么意识到的情况下可能顶多只能接收到其中的30—40个吧，可是如果认真意识到笔记思考，反复训练之后，信息的接收率就能切实地提升到60%—80%。

量变引起质变，这在任何时代或任何领域，都是能经得起推敲的真理。

③ 听出对方口中“更深的含义”（提高聆听能力）

作为沟通工具，纸质的笔记应该是开展笔记思考最好的选择。

请想象一下这样的场景，假设现在你正和客户一同聚餐，因为聊到了尽兴之处，对方立刻从包里掏出笔记本说道：“稍等一下，这一点你能展开再讲一下吗？”并准备要写下来。对此，我们会怎么想呢？比起从电脑或手机上展示一些“现成的”资料，我倒认为这样的做法更加能够拉近人与人之间的距离，空气中也更容易产生令人感到热情、积极的互动氛围。在纸上简简单单地描画出概念图会更容易理解，这不仅仅是从硬件、功能性上而言，而且在情感、软技能方面更是这样。如果想要传达热情，用纸绝对是最佳选择，因为它能将你想传达的东西，直截了当地传递到对方的心里。

平时我也会在FM东京“SHOWROOM主义”广播节目当中担任主持人，每次主持时我都会针对嘉宾讲的话题以及自己对此的想法（不能在节目中公开的部分）记下来。那些来到节目中的嘉宾看到我一边记笔记一边主持，有人曾说：“好开心啊，你这样让我感觉很好！”还有人会说：“其实我之前都没有讲过这件事……”然后便开始认真地深入话题。

也许是因为，就算都是同样认真地听着对方讲话，有没有在做笔记这件事也会给对方留下不一样的印象。感情这种东西是具有回报性的，它会有“相互作用”，做笔记能够表示出自己特别的敬意，从而让对方也会想要对你表达特别的敬意。做笔记的举动无形中透露出“因为是你讲出来的话，所以我想多吸收一些”，这就提高了态度的“能见度”，进而促成更有价值的对话与沟通效果。

④ 听懂话题的概要（提高概括能力）

笔记思考的另一个作用是提高“概括能力”。通过笔记思考，我们能够将当时所展开的讨论进行完整的概括。反之，要想做好笔记思考，概括能力也是必要条件，当你变得擅长笔记思考了，也就证明你的概括能力得到了提高。

所谓概括能力，是指能够时常从客观的角度审视讨论的进程，（尽可能瞬间）把控现在在讨论什么样的话题、出于何种目的（面向什么）、需要讨论到何种程度的能力。就拿大家最为熟悉的电脑来打个比方，首先要在脑海中生成一个最大的母文件夹，然后仔细规划好每个子文件夹要放哪一类的信息。因为文件夹可以是多重结构的，所以也可根据所讨论主题的抽象程度来划分更多的子目录。要想正确地做笔记，就要时刻关注现在正在讨论的是哪个子目录下的话题，即子目录的细分程度——“粒度”。它也能通过逻辑树形图来表示，不过这里为了方便便称为文件夹。

比如，在“天气”这个文件夹中放有晴、多云、雨、雪等子文件夹。如果现在正在讨论“天气有多少种类”的话，就是在讨论这些互相平行的子文件夹。另外，如果是在深入讨论“雪”的话题，就应把其他要素暂时放到一边，去深入探讨雪的种类是雨夹雪还是冰雹。开会时明明在讨论雪文件夹，也许就会有人突然讨论起雨文件夹。那些擅长做笔记的人因为能够把握讨论的全局，因而能立刻发现“这应该是属于其他文件夹的话题”。这样用天气举例或许有些过于简单，我们可以再以商业领域的

“营业收入”为例分析一下。在“营业收入”的文件夹中应该有着顾客数量、单价、周转率这些构成营业收入的子文件夹。提高营业收入可以通过增加顾客数、提高单价或周转率来实现，那么现在应该先解决哪一个文件夹的问题呢？如果发言的人不能很好把握讨论的全局思路，就很容易让讨论走向混乱。要做好笔记思考，必然需要考虑“把什么东西写在什么地方”，因此，通过笔记思考就能自然而然地形成概括能力，看清“现在正在讨论哪个地方的话题”。

在进行概括时需要注意的是，很多时候讲话的人并不会事先进行充分概括。大家作为听者如果能够将讲话者没有完全概括的内容通过笔记实现二次概括，就能引导出建设性的讨论。在做笔记的同时，也请考虑讨论的内容应该放入哪个文件夹，将其进行梳理概括后传达出来。逐渐熟练之后，就能指出讲话人没有言及的“文件夹”，并进行提醒。这对于讲话者来说，一定也会有更多新的发现。针对所看到的这一系列过程而进行思考的行为，可以说就像是陪伴作者一起完成书籍的“编辑”一样。

如果仅仅是为了实现“100%接收信息”这个目的，完全可以使用录音装置录下来再转为文字就好了。然而这却并非我们的最终目标。

当场对信息进行概括后，确定出其该放入的“文件夹”，这样说话者脑海中也会有清晰的方向，谈话也能更加深入。也许跟第三点所提到的“引出更深度的话题”这个观点有所关联，就是在进行概括的过程中，笔记思考很多时候能引导出对方一开始没有讲出的信息。因而，形成了一种密度更大、附加价值更大的沟通效果。

⑤ 能用语言表达模糊的感觉或概念（提高语言能力）

笔记思考这件事同时也意味着“必须文字书面化”。要想写出来，就必须将脑海中的只言片语/大致印象“转变为文字”写在笔记本上或是智能手机里，这是再自然不过的道理。如果能养成做笔记的习惯，就免不了要将感受或观点转变为文字。这就像是每个人都可以形同自备电源的居家用户一般，凭借一己之力也能培养出“实现文字化的自制力”，这也正是笔记思考所带来的力量。通过不断磨练自己的语言能力，就能同时提高自己的表达能力。

在生活当中会有数不清的感动时刻，我们会用“好棒”“真厉害”这类形容词简单概括作罢。究竟为什么棒？为什么厉害？花时间在这一点上去思考才是笔记思考这件事应有的本质意义（※在此过程中需要进行的“笔记思考”步骤，将在下一章节进行详细介绍）。

创作本书初稿时正值万圣节狂欢，所以发生了不少事故，甚至出现了抓捕肇事者的新闻，于是到处都能听到人们发出“真危险”的感叹。然而，究竟是什么事情让人觉得危险呢？是因为街上出现了暴徒所以觉得很恐怖呢，还是因为出现了不遵守规则、礼仪的人而觉得现实很危险呢？又或者因为万圣节本应该是在家庭间举行的地域性、私人性的变装娱乐活动，但却渐渐成为更开放的社会性活动并产生极具影响力的社会形势而觉得危险呢？其实每到万圣节之时都会因发生的一些事故而产生不少话题，今年是因为看到了明显的礼仪恶化问题所以才觉得危险的吗？还是说这些暴行、性骚扰等行为正朝着恶劣的方向发展，导致事件性质发生了变化所以觉得危险呢……如此分析下去一时半会儿也讲不完，暂且就此打住，这样的做法正是通过语言化的过程来加深了思考的深度。思考这件事也如同一种燃料载体，创造语言正是其存在的目的。也就是说，思考→语言→笔记。要想提高语言能力，在你身边最强大的工具就是笔记，因为它能创造出“思考与语言化的契机”。

从这一点来说，笔记思考这件事在人的成长过程当中真是具有一种伟大的意义。

① 提高知识创造性

② 提高获取信息的传达效率

③ 提高聆听能力

④ 提高概括能力

⑤ 提高语言能力

在本书一开始也提到过，首先，笔记思考这件事它能①提高知识创造性。储存起多余的信息，从而让脑中时常保持有益的信息。

其次，信息不再是听过就忘了，我们将每天的所见所闻都记录下来作为信息来源的分母，其中有更多信息最终得到利用，这正是②提高信息的传达效率。而且为了尽量从他处获取更多有利的信息，还能③提高聆听能力、沟通技巧。

并且，通过笔记思考还能对脑海中的信息进行梳理，从而飞速地④提高概括能力、逻辑思维。

最后，笔记思考还能提供一个加深思考的契机，从而促进自己对语言的组织能力，即⑤提高语言能力。

笔记思考虽然说起来简单，但其作用不可小觑。笔记思考时常能传载意味深长的内容，不是吗？笔记思考当中深藏的可能性能将我们带往未知的全新世界，这是一种魔法般的力量。

创造新知的笔记法

到此我们就大致了解了笔记思考的作用，接下来我想介绍一下笔记思考的具体方法。在此需要强调一个很重要的价值观作为前提，那就是“笔记思考是一种态度”。

写这本书，并非只想分享我自己的“经验之谈”。当然，读到这本书的各位如果能够直接运用书中所介绍的理论，相信各位的语言能力、表达能力都能获得超乎想象的提升。可是，比这更为重要的本质是我们的态度：我们能否为了某种目的而时刻清醒地去捕捉所有信息；是否对于身边的一切信息都保持敏感，并有意识地利用其进行知识创造。只有像这样毫不松懈地保持对未知的好奇和对知识创造永不满足的热情，才是对于笔记思考之魔法最为基本且意义非凡的姿态，也是我最期待读者能掌握的，比理论更为重要的修养。

到此已唠叨太多，接下来希望能将我自己实际所用到的理论方法介绍给各位。请大家先从做笔记开始尝试吧！

笔记本要左右两页搭配使用

做笔记的原则是左右两页兼用。

这里主要有三大理由。第一，如果写字空间太小，容易让思维受到局限，所以写字的空间越大越好。第二，在于能够按大脑结构将左脑负责的“事实”与右脑负责的“联想”分别列出，也就是依照大脑的结构来划分笔记的书写区域，由此才会让大脑的潜力发挥到极致。第三，按照这样的顺序去做笔记，就会有意识地“先把右侧空出来”。当你能察觉到笔记本的右侧还是空白时，就是一个很好的转变了。人的大脑一旦看到空白之处就会产生“填满它”的强烈意识，就如同一种矫正带一样，你在按格式继续完成笔记的过程中，会不断地促进大脑（尤其是右脑）展开思考。具体可以在左侧页面中画一条横线和一条竖线，在右侧再画一条笔直的竖线。最好能利用直尺或暗格辅助一下将线条尽量画得笔直一些，没有强迫症的人也可以像我一样空手完成。

2016.10.22

会议记录

人气互联网平台需要提前考虑推广策略

××偶像

课题：××公司旗下的（声优偶像）与代代木动画学院无法产生关联。

→ 会长执着于采用偶像 但是偶像是否能成事全凭各自天赋

以此作为个体与 SHOWROOM 合作能否增加人气？

→ ××与××组合到一起呢？feat. HoneyWorks

三大策略

①提升内容的品质（SR、TP）
②扩大市场（海外、通信）
③娱乐性（也许是普通投资者的关注点）

矛盾

上学不一定会成功，但是却能获得机会 ◎
××主席（放弃××和××）
直到 2020 年的 5 年间？

→将船作为舞台 "船上的偶像"

TIF（Tokyo Idol Festival 东京偶像节）

因为已有知名度，所以仅是封面就能吸引人气。
AKB→排名靠前的16位在活动，其他的都不是主要成员。
（280 名左右），但是能够获得演出费。
从后备役（下层组织）中排名上升的成员身上获得收益。

TIF（4 月-）

在深夜节目中获得一定人气后就能参演电视节目。
2 月左右开始选拔赛。跟 HoneyWorks 确定乐曲事宜。

与代代木动画学院的专业人士提前沟通。
1 月开始筹备选拔赛
由指原女士负责制作
小室先生，淳君先生
↓ 舞蹈　↓ 乐队

目的定位是什么？
• 收益
• 推广

笔记思考

● 成为偶像其天赋尤为重要
　- 这是一种传统思维
　- 小猫俱乐部、AKB
　- 今后的趋势将不再相同
　（请务必理解这一点）

● 将策略分成三点更易理解

● "学校"的矛盾
（出路不够清晰）

● 与新领域合作小酒馆
挂钩命名（Hook naming）

● 具有一定的已知价值（音乐）

● 下层组织的收益货币化

Ⓐ

歌唱选拔

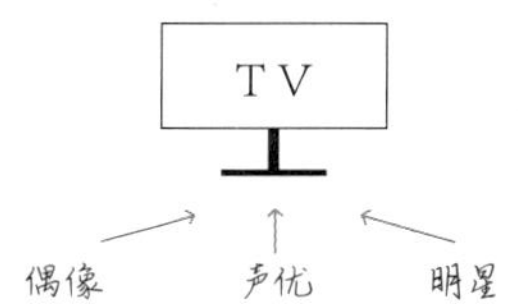

实践运用

→ SR 反而能够打破常规

→ SR 策略
★"三项要点"

→ 如果学校能够根据学员学习的努力程度来确定毕业出路就好了

→ • 书的名称　• 策划名称
• 偶像组合　• 功能性

→ ★放入 2017 年的书里？

表演艺术学校

为这些孩子们吸引粉丝，通过其他途径获得收益

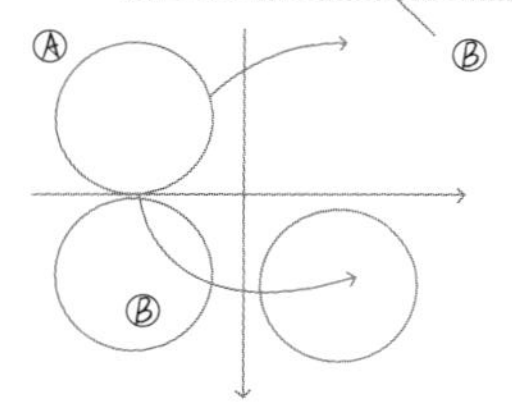

接下来，我就讲一下具体的使用方法。首先，左侧页主要写“事实”部分。即，写下在某些场合所见所闻的客观事实。如果是会议，可以写会上讨论的内容概要；如果是私人场合，任何触动你内心的现象都可以作为“事实”，写入左侧页中。

此处还有一个小技巧，就是每当你写下一个关键词时，就用一个圆圈将其标记出来，然后可以在其周围写下其他相关的词汇。以此为中心，你可以随心写出各种能想到的事物，这比单纯的罗列清单更容易让人发挥想象，也更容易梳理思路。之后再回顾时，这种图文形式也会比单纯的文字、文章更容易记住。我自己就一直沿用这种简洁的思维导图法则，各位不妨也尝试一下。

其次，如果想要提升自己的概括能力与表达能力，可以在左侧页面五分之一处再画一道竖线，留出一个列“标语”的地方。对事实栏中所写内容进行分类，并用简洁的语言提炼出“是怎样的事实”以进行相应的命名。刚开始，只需要在会议等事务结束之后进行命名归类即可，待到熟练之后，就能在做笔记的同时分类标注。概括能力和表达能力就是这样逐渐锻炼而成的。

接着我们再看看右侧的页面。对普通的笔记来说，右侧的使用大致也会与左侧一样，继续罗列事项。很多人在刚开始时可能会觉得：空出右侧会不会太过浪费？即便如此，也请先克制自己，预留出右侧的空间。

那么，被预留出的右侧页面要拿来写些什么呢？右侧页面正是这本书所提倡的“知识创造性笔记”最为重要的部分，也是最能发挥创造力的部分（需要再次强调，由于左脑对应客观事实而右脑对应创造力，根据大脑的构造来进行笔记的布局安排，更利于创意的发挥。只要不是“实在不适合自己”，我还是推荐多使用这种左右两页兼用的笔记法）。在右侧写下的内容，应该是从事实出发引申出的更深层次的知识创造。

右侧页面也需要分成两部分来使用。在左边，请写出“抽象思考”的要素。根据左侧页面的“事实”，对其描述的具体事实进行“抽象剖析”（※请参照下一章节所介绍的如何具体实现抽象思考）。将从中所发掘的关键的抽象思考要点用箭头延展到右侧页面的左边部分，并写下相应的抽象主题。

在右侧页面的右边部分继续写出“可灵活运用”的案例，即根据“抽象思考”的要素，考虑其能够实际运用到其他哪些场景。重要的是明确如何能够具体地关联到实际生活中，如“因为这种理论，某事将变成这个样子”。

在记笔记这件事上，若能做到上述“灵活运用”的程度，那才是只可意会不可言传的关键所在。我们应该对笔记进行抽象思考，但如果仅仅停留于抽象思考本身，我们就只能成为一个“评论家”。只有亲自从身边万事万物中提炼出每个新发现，并将其认真转化为实际行动进行“灵活运用”，自己的人生才会发生变化。所以，如果真心想要改变自己的人生，就不要忽略了笔记的右侧页面，有意识地去填满它吧！

到此，我们已经完成了“事实→抽象思考→灵活运用”的整个流程，这些就是实现知识创造性笔记的关键要素。

因为这里至关重要，所以再强调一下。这套笔记法则的精髓之处，简而言之其实就只有这三点：

① 以接收到的“事实”为基础

② 将发现抽象到可以被运用的精度

③“灵活运用”到自己的行动方针中

后面我还会进一步阐述这三个方面。

生活处处有创意

现在我将使用“事实→抽象思考→灵活运用”这套模式，选取具体的案例来说明如何在实际的生活中写出创意满满的笔记思考。而且，根据我介绍的方法如实开展笔记实践的话，最关键的还是大脑学会“抽象思考”，因为这是在笔记思考的过程中乃至日常生活中，每个人都需要掌握的最为重要的思维方法。其具体的内容我会在下一章节进行讲解。

那么，我们来看看具体的笔记案例吧，先介绍一个我最近正在做的案例。

在某个会议上，我听到了关于“在东京、大阪的街上分发宣传单”以宣传促销的活动。一般在分发传单时，如果没有其他好处，路人通常都不大愿意接受，因此需要考虑添加一些有诱惑力的元素。现在，让我们尽可能地发挥一下想象力。

接下来，话题逐渐走向核心部分，我做笔记的手不自觉地开始冒汗，发言人继续讲道：“之前听说在大阪，有老奶奶没事就爱到街上分发一些糖果给路人。受此启发，在大阪发传单的时候采用了同时赠送糖果的策略。这样一尝试，传单一下就发出去了好多份，速度快得惊人。”

原来如此，真是有意思。的确，一旦设置一些明显的好处就会有不一样的效果。看到深有感触的我微微点头后，发言人又继续讲道，“因此尝到好处的我们，也考虑在东京实行同样的策略。结果，在东京的效果却连大阪的三分之一都达不到。也就是说，同样是赠送糖果，在大阪分发传单却能实现在东京三倍的效果（笑）”。

怎么会这样呢？如果是各位的话会怎么想呢？这种“不轻易放过”细节信息的意识尤为重要。

以上述内容为例，按照一般的方式写笔记，人们就会写下“同样都赠送糖果，在大阪分发传单竟然实现了在东京三倍的分发效果”这样的笔记。当然，为了以后不会忘记，或是作为之后进行联想的引子，这么写笔记自然没什么问题。但是，像这样单纯对事实做出的记录，恐怕在今后很难成为可以利用的信息来源，而且很快就会被淡忘。现在就是我的笔记法发挥作用的时候了。

首先，在笔记左侧页面写下“同样都赠送糖果，在大阪分发传单竟然实现了在东京三倍的分发效果”。然后，关键就是要在笔记右侧页面创造出更大的价值。

“事实”已经写在左侧页面了，现在要关注的是：现在写下的这些具体信息当中，能够说明什么？还能发掘出什么？有没有其他可以运用的元素？我把这样的思维过程称为“抽象思考”，将自己的所见所闻、接收到的事实，抽象为更通用的概念写到右侧页面，这正是在左侧页面写下事实后需要进行的下一步操作。一开始，可以先从完整表达事实开始练习。逐渐养成习惯之后，再开始一边写下事实，一边在右侧页面同时写出可以抽象思考的元素。在这个阶段的笔记整理中，大脑已经能够处于更活跃的状态了。

通过笔记的实践运用进一步加深思考

“同样是赠送糖果，在大阪分发传单竟然实现了东京三倍的分发效果。”如果要从这件事中提取出抽象概念会是什么呢？单是听到抽象概念这个词似乎难度不小，但若是理解为“挖掘出其他领域的可用性”的话，就能从具体事物中更轻松地提炼出通用性强的抽象概念。

例如，当你意识到“大阪人其实要比东京人更容易被直观的好处所吸引”时，与“同样是赠送糖果，在大阪分发传单竟然实现了东京三倍的分发效果”的事实相比，前者就是接受度更高的一种抽象概念，也更便于被运用到其他领域当中。

然而，我们的笔记并不会停留在这一层面，而是沿着抽象思考的方向深入探索，并以这些抽象概念为基础获得启发，进而衔接到执行的层面，即进阶到“灵活运用”的阶段。

“……原来如此，这么说来，那我经营的SHOWROOM直播平台[①]岂不是也应该好好利用大阪人的这种特质呢？”比如，首先试着提出这种设想，在笔记本右页的右侧写下“通过数据分析了解各地的使用情况，以此研究SHOWROOM是否也能进行同样的尝试”。

简而言之，SHOWROOM就是在互联网世界中再现街头表演的直播平台。深受感动的观众可以在虚拟直播间内赠送礼品，实时为表演助威。这些礼品中也有付费礼物，因而通过不断积累的用户数据，可以对各地用户在付费方面的选择倾向与差异进行分析验证。

① SHOWROOM受到了中国YY语音“直播+打赏”这种商业模式的启发，初心是希望能够在偶像、歌手、声优等艺人与粉丝之间搭建一个可双向交流的线上平台。——译者注

分析数据之后发现："大阪用户的人均付费金额略低于东京的用户水平。"当然，因统计时期的不同数据也有可能发生变化，并不能完全排除其他条件的影响，只能说是在这段统计时间内根据充分的样本量了解到了某种倾向，还不能断言这就是真正的本质特征。

根据所获得的新信息——"大阪用户的人均付费金额略低于东京用户"，我们再来进一步地思考一下，将这个新的事实反映至左侧页面或是直接写在"灵活运用"一栏中。

直播间内的礼物赠送是在虚拟空间里送出礼品，这种形式也许难以达到现实生活中更直观、更具体的礼物效果。如果将前面的"大阪人其实要比东京人更容易被直观的好处所吸引"这条规律运用到该情景中，就会推导出另一个假说：大阪的用户群在消费方面大概更缺乏动力。

根据这样的假说，我们可以进一步拓展思路。

事实上并不是"大阪人不爱花钱"，也不能说"大阪人很小气"，因为我们已经看到，名气越大的艺人在大阪举办的演出越是一票难求，而像是《吉本新喜剧》这类的搞笑演出，大阪人更是比其他地区的观众表现出了更大的兴趣。从这些侧面也能看出，大阪人“对能直观感受到有趣、有价值的事物并不吝于付钱”。如此，也许我们可以这么说：“对于有价值的东西和没有价值的东西，大阪人会明确地区别对待”。因此，相比东京市场，我们更应该考虑在大阪市场制定相应的策略，为大阪人提供价值可感的产品。

于是，我们首先想到并实际运用的就是“虚拟剧场公演”和“直播卖货电商”（Live Commerce）。

前者是指“制作出吸引大阪用户的有趣内容物，通过预付款的形式支付对价，也就是类似现实世界中购票付款的商务策略”，对此我们还可以提出具体的方案细节：对那些有着巨大商业需求、人满为患的现实市场，可以将很多艺人用不完的表演素材灵活利用起来，做成会员制的内容发布到SHOWROOM上。而像那些表演门票一票难求的艺人，显然已经具备了众所周知的“价值”，对于只会为有价值的商品掏腰包的大阪用户而言，自然是愿意出手买票的。而且，“虚拟”作为一个主要的噱头，也是值得进一步升级服务的形式，在VR空间中创造出剧场的氛围，尝试收取一定的门票费用。在VR空间中，创造出不限制入场人数的无限演播厅，就有可能吸引更多艺人到此举办演出，召集更多粉丝，形成一种可持续促进收益的良性循环。当我们深入思考至此时，已然发现了一个充分可行的商业模式方案。

除此之外，对“眼见为实的对价”这个抽象概念加以运用的，还有一个“直播卖货电商”的创意。因为相比东京的模式，如果不提供更直接、更有利可图的激励因素，大阪用户就不愿轻易掏腰包的话，不如放弃无形礼品的销售思路，专门制作一种介绍有形商品的在线直播或许更有效果。针对大阪的用户，可以在线从主播处实时购得商品，若能以实惠的价格推广真正的良品好物，说不定收益将超过东京。这正是从笔记思考中获得的新启发之一。

再回到之前，从一开始“在大阪决定将糖果与传单一起分发，竟然发出了很多份”的事实出发，不断延伸探索之后，我们发现了隐藏其背后的巨大可能性，即两种新的商业模式创意。促成这种思维的萌芽并一路催生出结果的助力因素，正是我所推荐的笔记思考。有没有感受到一股不可思议的魔力呢?

“SHOWROOM”正是笔记思考的产物

其实我们在做的“SHOWROOM”在很大程度上也是受益于“事实→笔记思考→灵活运用”这样一种基于笔记思考的创意生产流程。

我自小就失去了双亲，小学时为了维持生计也曾站在车站前独自弹着吉他卖过唱。现在回想起来，从那个时候开始就已经养成了做笔记的习惯，会将自己喜欢的和弦编曲和从路人的一举一动中发现的点滴记录下来。

◎**事实**

● 翻唱一些名曲时，停下来的路人数量要比唱原创歌曲时的人更多。

● 如果能满足停下来的路人的要求，相互的关系会更好。

● 关系变好之后再演唱原创曲目，就会获得更多的赏钱。

◎**笔记思考**

● 要想关系变得好，双方的互动很重要。

● 人们愿意掏钱通常并不是因为“好听”，而是因为“产生了交情”。

★**灵活运用**

● 在网络世界中也可以创造一个类似的环境，通过双方的互动建立感情基础。

※由此，艺人可以凭一己之力（比现实环境更有效率地）增加粉丝并实现盈利。

我当初的笔记思考只不过是停留在“满足现场需求就能增加粉丝”“不要只拘泥于唱功的好与不好”等非常简单的总结，但随着亲眼看到的事实以及对此的领悟不断累积，便产出了更深入的笔记思考。

我就是这样以自己最初的个人体验为基础，开创了SHOWROOM的事业。在创业成功之后，笔记思考也同样帮助这项事业稳固了愿景。在此，举一个例子说明。

每次跟秋元康①先生开会，我都会领悟到不少颇具深意的启发，然后认真地记录下来。在这当中，有一件事最为让人印象深刻。

之前，AKB48②的一位超人气成员脚部受了伤，工作人员曾苦恼地提出：“这可怎么办呢？这就没有办法开演唱会了。”于是秋元先生提议说：“那不如就坐着唱歌吧。”当所有人都在跳舞的时候，却有一个人坐在椅子上唱歌，这种形式一定会给大

① 日本作词家、编剧、导演、作家、制作人，2005年创立女子团体AKB48。——编者注
② 日本大型女子偶像团体，分为Team A、Team K、Team B、Team 4与Team 8五个队伍。——编者注

家留下深刻印象，会更受粉丝的喜爱。自然而然地，话题不断产生，甚至有人会觉得“这孩子一定会未来可期”。

除此之外，SKE48[①]的成员松井珠理奈在参加选拔赛时（当时好像只有11岁），出场顺序原本是排在倒数第几位，可不知是什么原因，轮到她时比赛演唱所用的伴奏带突然出现状况用不了。因此，她不得不被调整到最后一位出场。也因为其天生所具备的明星气质，以及现场“只有她遇到了状况”“排在最后一个出场”，为包括秋元先生在内的评审员留下了深刻的印象，因此以最高分的成绩晋级。

这两件事情的共同之处是什么呢？进行笔记思考后可以总结出：想要成为一名成功的偶像，需要有“运气”。进而言之，就是指“要想成为传统娱乐行业中的人气偶像，需要一种与生俱来的强烈运气”。在这样一种强大气场或者运气的护航下成长起来，再加上后天的努力成为日后的巨星，这是一件非常难得

① 日本大型女子偶像团体，AKB48的姐妹团体，2008年由秋元康担任制作人创立。——编者注

的事情。

不过，对此我还进一步抽丝剥茧地展开了分析。因为如何通过笔记思考，提炼出可以进行灵活运用的元素才是成败关键之处。因为得出的结论是“身为偶像需要具有很好的运气才行”，所以我进一步想到的却是，如果只有具备天赋或运气的人才能成功，那这样的世界真的好吗?

这是在我开始尝试运用此结论时，首先浮现于脑海的疑问。

在传统的偶像培养行业中，与生俱来的运气会在很大程度上影响成功的概率。可是我想要创造的，是不看先天因素，而要依靠后天的努力才有可能得到相应回报的环境。SHOWROOM的事业愿景，就是要去改变现有的艺人体制、艺人的成长之道，即去“重新定义明星角色”，这正是我不断提炼并逐渐渗透到我的团队以及社会大众之中的，一种被运用到执行层面上的“灵活借鉴”。

仅仅是写下了“事实”是不会产生新的东西的。一定要将事实写出来，并至少把自己觉得有意思的世界观提炼出来，重新回顾并笔记思考出心得体会，然后“灵活运用”到执行的层面。这其实并不难，通过做笔记的模式来掌握笔记思考的流程，不断地锻炼大脑思维，就能有效提高知识创造能力。逐渐掌握了这种魔力，你所身处的世界就有可能发生不可思议的变化。

写下“日期”“概要”“标题”

到此，已经介绍过了笔记思考的精髓和核心的思维方式，接下来我将介绍具体的基于笔记写作的笔记思考方法，并尽可能涵盖所有细节要点。

首先，为了将来不用过度使用大脑，在左页的笔记纸上，先将日期记录在左上角。何时进行记录的时间信息，在之后进行回顾时非常有帮助，养成这样的习惯有益无害。

其次，用一句话写下是关于什么话题进行的交流。如果实在没想法，可以直接写跟 × × 沟通了 × × 方面的事情。在其下方写出“概要”。此处是用来在沟通结束之时、回家途中等碎片时间里，趁热打铁将所想到的赶紧写下来。比如“要想一次就成功就要提前考虑好投资退出战略”等，用一句话来总结“什么才是最重要的部分”，以此提炼出这次沟通内容的核心与精髓，在之后重新回顾时会让你立刻找回当初的感觉。

进入正文部分，将自己在会议、课堂等场景中听到、见到的所有事物整理成“事实”。不需要有过多思考，想到什么就直接写出来即可，只要是脑子里能想到的部分，就可以根据所听到的内容随手写下来。

然后，在左页的左侧画上一条竖线，旁边写下与“事实”栏内容相对应的标题或关键词。例如，话题聊到某一个环节，从开始到这里讲的是“扩大销路的三大战略”，从这里到这里是关于“偶像的悖论”，而从这一段往下则是讲的“原创Visual Studio的复制”，像这样对事实栏中的内容分类进行记录。一旦开始这样的训练，自然就能提高对讨论内容结构（阶段、层次）上的掌控能力。并且，对每一层内容进行命名、认真思考每一段的关键词，也能让自己概括标题的语言能力得到磨练。

很多时候，会议上发生的讨论往往会不断升华。一边聆听，一边理解再同时记笔记的话，常常不能很快想到最完美的关键词，即便如此也没关系。尽量拿出一种想去抓住谈话内容整体概要的姿态，即时刻关注“现在谈到的是整体沟通当中的哪一个环节”，对复杂的讨论进行结构化整理，这样的态度至关重要。一旦熟练后，便可以强制性地要求自己“当场整理讨论的结构并及时想出一个关键词”，这样就能让自己当场更好地去理解所探讨的内容。

利用四色圆珠笔提高判断能力

在做笔记的时候，我经常爱用四色圆珠笔，因为黑、绿、蓝、红四种颜色各有各的代表含义。

区分颜色的标准主要有“主观或客观”和“重要程度”两种。

针对事实，用绿色写下自己所想到的事物，即主观的联想。一旦养成一边记录事实一边用绿色写出主观想法的习惯后，我们就能加快在脑海里形成想法并提高语言表达的能力。渐渐地，当看到笔记中绿色部分很少时，你甚至会觉得过意不去。当你开始有了这种意识，那就是一种进步了。

除了绿色之外，其他三种颜色都代表着客观的内容。

黑色作为最常用的颜色，主要用来记录事实。蓝色和红色则根据“重要程度”有所区分。蓝色代表“比较重要的事件、引用、参考”，红色则代表“最为重要”。

在这里，对颜色进行区分的关键不是“紧急程度”，而是“重要程度”。因为“紧急程度”大部分时候与个人的决策没什么关系，而是会被外部的因素所左右。换句话说，紧急程度是不由自己所决定的，正如其字面意思，是指客观上很紧急的事情。

而与此相对的，“重要程度”则会根据不同的人或组织产生不同的判断结果。就像“这个很重要”“这个并不是那么重要”，这些对重要程度的判断需要依赖个人的主观意识。可是，如果在判断重要程度上过于偏向主观意识，又会存在一些风险。在成就事业时，不仅要从自身的角度去考虑什么才是最重要的，还要具备一定的“客观判断依据”，这样才能让你稳操胜券。

我就是通过蓝色和红色的划分来训练自己去判断对自己真正重要的东西，换句话说就是培养衡量重要程度的能力。经过这样的反复训练，就能提高自己做决断的精度。

因为这样的用笔法既能提高提炼与表达能力（绿色），又能提高决策能力（蓝色、红色），实在颇有意思。所以，我觉得笔是一种具有某种魔力的笔记思考工具。

使用不同的“记号”为信息归类

把笔记做到这个份上也算是笔记思考狂魔了吧，然而除了区分颜色之外，我还会选择不同的记号来标记笔记内容。当然这些只是我给自己定下的规则，大家完全可以选择自己喜欢的符号。

※“快捷栏”中的日文字符是我在电脑、手机上已经设置好的快捷键字符。在电子数码设备中，输入这些快捷字符就会出现相应的符号。

设置好快捷键后操作起来效率明显高很多。可能有人会觉得有点过于细致了，但其实如果将这些平日里发生的不够高效的瞬间积累下去，也会造成相当多的时间浪费。比如，要是使用这种方法，每次应该能节省1秒钟的时间，不断积累下来每天就是几分钟的时间（当然，记笔记的内容越多时间就越长，因此节省下的时间也会越多）。若是每天都能省下3分钟的话，一个月就能省出90分钟的时间，那是相当多了。当然拘泥到这种程度确实有些疯狂，倒是有些偏离主题，其实也不用太计较。不过，如果你看过这本书后决定“疯狂记笔记”的话，就请认真考虑下记录效率的问题吧。

记号的使用区分

内容	记号	快捷字符
抽象、发现、学习、主旨	◉	ま
具体、共鸣事件、感动	◎	まる
工作相关	★	ほ
私事相关	☆	ほし

内容	记号	快捷字符
项目罗列（大项）	▼	さ
项目罗列（中项）	■	し
项目罗列（小项）	「	え
细分要素（数字）	①	—
细分要素（英文字母）	Ⓐ	—

首先，关于事实。对具体的事件、让自己产生共鸣而想要写下的内容用◎来表示。

经过抽象思考的事物或者新的发现则用◉来表示。这是对那些一开始还没能看清本质的事物，重新思考有所发现后才把中间的圆涂黑而得来的。

由此产生的运用可能性，即指接下来可以展开的行动用“★”来表示。标记了★就会激发自己产生“不得不做”的意识，也就是说★会直接提醒自己注意某事并产生一种焦虑，通过这种方式来控制大脑。

举个例子，万圣节的时候走在街上就会发现一个现象：“今年的万圣节比去年的人多。”然后随手做起笔记，并在句首标记上◎，即“◎今年的万圣节比去年的人多”。接着进行笔记思考演绎，例如写出“也许人的本质里就有表现欲”。然后再标记上◉，即“◉也许人的本质里就有表现欲的吧”。一旦标出了记号，就能很清晰地看到笔记中最重要的要素。

■ 笔记思考的部分在哪里（◉）

■ 关系到下一步行动方针的是哪些事项（★）

如果选择电子笔记的形式也可以按照同样的原则进行。如此，还能对“从一开始到现在自己进行过的笔记思考的内容（◉）”以及“一边记笔记一边产生过的创意（★）”实现瞬间的检索。用“◉”去搜索就能看到自己从这个世界中提炼出的知识经验或各种新发现，由此还能产生可被运用到其他途径的新创意。

“标题”可以突出表达的效果

方才给大家介绍了如何在笔记左页的最左侧写下“标题/关

键词”。

关键词是指简单明了又能吸引眼球的词汇，即“一言以蔽之其为何物”。

要在会议中写下事实，对其进行笔记思考并考虑其能被运用于何处，如果还要在此基础上根据每一项的内容写出关键词，这将需要大脑这个CPU快速运转，难度极高。不过一旦养成习惯就有可能做到同时兼顾。

到了这一步，再复杂的内容也能变成简单的结构，利于理解的同时还会引来灵感的爆棚。只要能用精准的关键词归纳出所领悟到的概念，就能在很大程度上增强信息的传达效果。标题的这种力量也正是凸显表达效果的源泉。

大部分时候的对话总是离不开具体的内容，因为说得具体才容易让人理解，不必过度用脑思考也能解决。可是，如果能从中提炼出本质的信息，能发现其抽象主体，就会具有更高的价值。进而言之，无论多么具体的事件，大多都能通过笔记思考发现其背后所隐藏的深意。这一点，却往往被很多人忽略。

跟那些很会聊天的人交流，我发现他们之中有几点共同之处。一是能主动为每个话题想出一个“标题”，像是“原来如此，这个就是……吧”“你是指……吧”，非常善于总结。聊天的过程当中，你不仅会感受到对方在认真聆听，这样的总结还会让你不由得频频点头进行回应。有句话叫“会说话的人也会听话”，我觉得用来形容这一点再恰当不过。

那些懂得拿捏分寸、擅长应付酒局的人，往往都具备这种“总结标题”的能力。他们很有可能是那种会对沟通内容进行结构化的人，并擅于将其运用到新的创造当中。如此不仅会善于总结标题，同时也会提高表达能力。

“早上五点半的女人”正是优秀的标题范本

要在聊天的同时进行结构化的梳理并想出标题，一开始也许并不容易。但是要想吸引别人的注意力，“标题的总结能力”必不可少。

比如，我如果开始介绍“AKB里有一个叫大西桃香的女孩。这位女生在两年前还处于300人中靠后的位置，可是……”那些对AKB没什么兴趣的人大概马上会觉得“这个话题什么时候才会结束啊……”

不过，若是换成“你听说过‘早上五点半的女人’吗？是最近AKB中相当受关注的一位呢”，即使不是粉丝也会引起注意：“啊？早上五点半的女人是谁啊？”

接着你再说：“就是有一个叫大西桃香的女孩子，每天早上五点半起床，睁开蒙眬的眼睛开通直播。”这样，对话就会进行得很顺利，对方也会很感兴趣想要继续听下去。

在这里值得强调的是，“早上五点半的女人”这个标题起了很大的作用。用这样的标题就能一下将信息传达给对方，也更容易给对方留下深刻印象。

一旦你习惯了标题总结、关键词等用法，在记录事实的同时就能梳理结构了。还没习惯的话，重新回顾笔记时也可以有意识地去考虑如何添加标题，因为标题命名的能力是相当有价值的。

笔记思考最基本的就是为了“回顾”。在回顾时你会惊奇地发现有很多值得学习的要素可以提炼出来。对“事实”进行笔记思考，并考虑应该将其“灵活运用”到自己的哪些行动方针上，要做到这样才能算是真正实现了笔记思考的意义。

第二章

笔记加深思考

“笔记思考”是人类最厉害的武器

前面已经介绍过，笔记不仅用于记录简单的信息，还应为所获得的信息赋予一定的意义，并以此创造出新的知识体系。在前面章节也介绍过，笔记思考能将直观获取的信息衔接到知识创造的层面。

这里的笔记思考正是我关于笔记的核心理念。更进一步讲，它是人类被赋予的最重要的思维功能，可以说，它就是人类最厉害的武器。

一说起笔记思考容易让人感觉有些难度，实际上这是每个人从小就能做得到的事情。在此举几个例子。

有时外出的时候，天空中会滴滴答答地落下水珠，每个水珠大小不一，其成分也可能会有细微差别，可是要为每粒水珠都进行命名的话就没完没了了，于是我们就统一用“雨”来称呼它们。这就是一种刻意的思考。

成年的男生如果要跟喜欢的女生出去玩，也许会跟父母说“我和朋友出去下”，而不是“我跟某某出去下”。这也是更为普遍的，可以同时用来表达其他对象的一种极为优秀的刻意的思考案例。

正如这里所提到的“雨”和“朋友”这两个词汇，如果我们并不具备任何抽象思考的能力，就不会产生这样抽象的词汇，也就更不可能实现思维与对话本身了。除了语言之外，用“2”来形容两种不同的事物状态，能对不同事物“数量”的概念来展开讨论。比如“A昨天吃了2个苹果，而B只能吃1个，因此今天轮到A只吃1个，让B吃2个吧”，即使身边没有真的准备好几个苹果做实例，笔记思考的能力也能让大脑通过语言进行理解。像这种数字也能实现笔记思考的例子，如果没有笔记思考的能力，应该也无法形成我们的所有文明了吧。

另外，具象化的思维方式也是所有人每天都会多次应用的思维方式。讲过“比如说”的人，都是为了要在当时通过一些具体的状况或事例来说明一些抽象的概念。又或者说，明明曾经有听过的某种事物一下子想不起来时，我们通常会在Google上面搜索“……是什么”，这种操作就是通过具体的信息来加深对不明事物的进一步理解，是一种具象化的行为。更进一步地讲，利用数学公式来解开个别问题，根据英语学习时期所掌握的语法规则来进行对话，都是一种具象化的实践。

无论是抽象思考还是具象思考，这两个词汇本身就是一种刻意概念，虽然讲起来不太容易理解，但实际上通过将这些概念事物具象化，每个人都能在脑海中不断进行思考，每天都在无意识的状态下反复进行着具体与抽象的刻意思维活动。

因此，不要因为“笔记思考”这个词而被吓到，觉得它特别难。人类正是因为可以笔记思考才能活得如此有效率，创造出如此多的发明，并将文明进化到现在的程度。笔记思考正是创造的源泉。

遇见这本书的读者，如果你想要成为“发明者”而非“单纯的劳动者”，就要将笔记思考放在比“具象化”更为重要的位置对待。这不仅仅是将笔记思考的规则灵活运用到其他具体状况之中（*单纯劳动者的思维模式*），还要能从具体事件中总结出属于自己的规则，并将其运用到其他具体实践当中，通过自己独特的视角不断发现新的事物，进而实现发明创造、知识创造（*发明者思维模式*）。因此，笔记思考非常有必要。

笔记思考的三种类型

那么我是怎样进行笔记思考的呢？现在就来分享一下我是如何在大脑中整理思路的。

首先，最重要的是进行笔记思考时的“提问”环节。究竟应该问自己“What”“How”还是“Why”呢？提问的内容虽然简单，但这却是让你熟练掌握笔记思考诀窍的关键。

笔记思考时需要考量的三种类型

		案例	事实	笔记思考	灵活运用
What型	物质层面	从天而降的水珠		雨	
	相关性层面	左与右 男与女 赞成与反对		相反	
How型	特征层面	POKEMON 宝可梦	宝可梦这款游戏设置有不同的怪物，通过选择与该怪物属性相符的攻击策略，会实现更好的攻击效果	根据对手的不同，改变攻击方式	在求职期间参加面试时，根据面试官的特点作出相应的应答策略
Why型	受欢迎层面	《摄像机不要停！》	无名的演员、较低的预算	反差、共鸣	可运用到活动策划中
	洞察层面	存档功能	用户的需求	想要从属于社区的欲求，想要沟通并进行应援的欲求	可运用到资源导航页面

例如，针对眼前的现象或想法进行笔记思考，并对此进行重新命名。这就属于“What型”。

其次，如果要深度挖掘眼前的现象具备哪些特征的话，就该命名为“How型”。接着，要对那些大受欢迎的电影梳理出成功的理由，并将其运用到其他策划方案时，就需要对着自己的内心发出“Why”的疑问了。

在笔记思考方面最具价值的部分，要数后面两类“How型”和“Why型”。这是因为这两类可被运用到其他具体案例的可能性会更大，而且被运用时可能受到更大的冲击影响。

为了那些狂热于笔记思考学习的读者，我再稍微深度讲解一下这三种类型。但是对于纯粹只想掌握笔记思考方法，进而提高创造力的读者来说，可以跳过该章节。简单总结下来只需要记住一句话就行了，即做笔记时有能将现象转化为语言的“What型”、从中提炼出特点的“How型”、通过笔记思考而找出事物本质的“Why型”，这些都极为方便好用。但是在实现创新方面，“How型”和“Why型”，尤其最后的“Why型”很有可能为你带来更大的价值空间。

① What型

■ 物质层面

例："从天而降的水珠"→"雨"

"发光又带有热度的像麦穗一样的事物"→"火焰"

■ 相关性层面

例："左与右、男与女、赞成与反对"→"相反"

"数学公式（如一次函数）"→"y=ax+b"

※What型（因为通用性高）很难体现个体差异，所以此处暂且省略"具体→笔记思考→灵活运用"的实例。

② How型

■ 特征层面（什么样的）

例：POKEMON宝可梦

● 特征（事实）——宝可梦这款游戏设置有不同的怪物，

通过选择与该怪物属性相符的攻击策略，会提高攻击的效果。

● 笔记思考——根据对手的不同改变攻击方式。

● 灵活运用——在求职期间参加面试时，根据面试官的特点作出相应的应答策略。

③ Why型

■ 受欢迎层面（火爆/大受欢迎的原因有哪些）

提问的例子：

● 某商品最近突然销售量上涨的原因是什么？

● 某应用软件的用户数量最近持续增多的背景是什么？

● 某电影作品最近大受欢迎的原因是什么？

※就算没有大受欢迎，也可以针对那些打动了自己的事物进行分析，为何会打动自己，通过这样的深度挖掘形式进行训练。比如，走在路上突然被眼前的广告所吸引，思考为何这种广告能够打动自己，等等。

例：电影《摄像机不要停！》的一炮而红

● 事实——出演的都是无名演员，而且还是300万日元规模的低预算制作，却能从上映时（2018年6月23日）只有东京的2家院线上线，一个月之后迅速拓展至全日本150家院线。

● 笔记思考——反差是造成受欢迎的最主要原因（虽然A但是B。该案例虽然没花太多制作经费却能拍得非常有意思）；引起共鸣也是造成火爆的重要原因（把大家想表达的东西展现出来所以才会被传播开来）。

● 灵活运用——在SHOWROOM的活动策划里，也可以引入反差与共鸣的策略。

■ 洞察层面（真正想要表达的是什么）

例：SHOWROOM的存档功能

● 事实——用户希望能有一个存档功能（能够查看录播的功能）。

● 笔记思考——希望以后可以重新回头看→并不是只想单纯重新去看视频内容本身，本质上是不想错过所有的视频内容，从而跟得上热点话题，是一种想要融入社群的欲求、与表演者沟通以及应援的需求。

● 灵活运用——与其一味地增加存档功能而减少直播（直播发布的优先级别会被降低）的实时可见性，不如积极地做好宣传工作，例如在直播发布之后将相关新闻放到资讯导航页面上，确保用户能够获得社交所需要的话题热点，在一定程度上满足其本质的（目前所理解的）需要。

从What型引导出的抽象概念也能运用到其他情景当中，只不过仅仅是回答“是什么”这种程度的基本问题（针对“What”的提问）。

而How型却更为有效，一旦熟练掌握之后，就能将那些看似没有任何关联的具体现象进行要素提取，进而运用到其他具体的事件当中。学会了这种技能就会发现，世界上到处都是创意灵感。

Why型在我看来则更优于How型。不仅因为将其运用到其他情况时会产生更大的影响力，在知识创造方面它也属于尤为核心的思维过程。当然，“运用”本身也会具有不确定性，即使在某件事情上发挥得不够理想，也不能证明它一定不能运用到其他事物上。可是，如果与零基础相比，经过几番尝试之后成功的概率总是会提高的。对那些拥有着自己事业的人而言，至少接下来的四项内容值得用“Why”思路进一步考量。

① 市场上的火爆商品或作品有哪些?

② 曾经打动过自己的事物有哪些?

③ 顾客存在哪些期待?

④ 公司内部所发生的问题或课题。

总之，请尽可能对自己亲眼看到的、亲身经历的各种事件进行更深度的笔记思考练习。如果发现了一些特别之处就通通写下来（How型），如果发现一些大受欢迎的互联网内容物，就去深挖其“为何会流行起来”，并从中抽丝剥茧出最重要的精髓（Why型）。

反复这样训练之后，当你讲述抽象的主张或话题时，就会不断累积可以有效说服听众的具体案例。例如，我就时常爱把SHOWROOM这种直播空间比喻为一种小酒吧，因为小酒吧的特征通过How型的提问进行笔记思考后就会呈现可运用的规律。比方说，小酒吧有一个特点就是有时会“将顾客变成运营方”。妈妈桑有时跟客人聊得太开心就会喝过头，不经意间就不见了踪影（笑），导致在场的客人不得不去接待之后进门的新客人，我就曾遇过不少次这样的窘况。但也因为这样一种“需要去填补空缺的存在”，反而提高了客人的忠诚度，因此很多小酒吧都有着长年光顾的回头客，成功地营造了浓厚的粉丝社区氛围。我觉得在SHOWROOM也正发生着同样的情况。但凡是在SHOWROOM大受欢迎的演出者，都不是十全十美的演艺人士，更多的是刚刚出道的歌手或者刚刚从事演出事业的新人。偶尔出现这样或那样的不足，会让观众不禁主动帮忙弥补，等到回过神来才发现直播者与观众之间的分界线已逐渐模糊，因为这已经形成了一种默契度很高的粉丝社区环境。

以上就是我通过对小酒吧的笔记思考所发现的规律，并在SHOWROOM的演出节目中得到了很好的运用。笔记思考这件事不仅仅能提供素材进而形成创意，还能在公开演讲时产生惊人的说服效果。

对最具价值的“如何”“为何”进行笔记思考

介绍到此，内容稍微有些过于复杂，还是回到对本质的讨论吧。对想要掌握笔记思考的读者，我将在这一节介绍如何在实际过程中使用这种思考方式。

首先，请先习惯以下三个步骤：

① 正确地获取具体的信息。

② 从①中提炼出“可运用于他处的”要点（发现、背景、规律、特点等）。

③ 进一步将②运用到其他具体事件中。

简而言之就是这样的一种思维路径：

① 具体

② 刻意

③ 运用

从现实世界我们亲眼所见、亲身经历的事件中去获取具体的信息。

■“在这当中有没有什么收获（能够对应到其他事物上）？”

■“这是为什么呢，有什么背景吗？”

■“所有这一类的事物好像都属于……的吧。”

经过这样一番思考，就能推导出抽象度更高（能够对应到更多更具体的对象上）的概念。

再次重申一下核心要点，进行笔记思考的最大目标就是，“运用到其他案例，能够产生同等甚至更大的效果”。即便是“这类事物统一归纳为……”的What型思维方式，也能帮助提高语言化的能力，而How型与Why型则具备更强的应用性（运用时将获得相对更大的价值），所以非常值得有意识地持续训练。对此，我们需要针对各种各样的具体现象养成不断提问“什么样（特点）”“为什么（理由）”的习惯。唯有将其中的发现转换为可运用至其他地方、具备更高生产性的抽象思考，才是笔记思考的本质。

用一分钟解释《你的名字》[①]为何有趣

作为知识创造的基础，接收信息尤为重要。看到这里，也许有些读者会将笔记思考理解为一种信息的输出，其实不然，笔记思考也可以成为接收信息时非常有用的武器。

比如，我能比一般人更快地读完一本书，这是因为我“读的都是抽象内容而不是书的具体内容”。这是以理解“抽象层面上想表达的东西”为目的来进行的阅读，也就是说我是在读一本书的框架，而不是通篇细读。如果以树做比喻，就是省略了树叶和叶脉的部分，直接读取树干的部分。因此，才会读得很快。

如果拿出一本书让我“用3分钟进行介绍”，那我可以在3分钟内讲完；若是“用30分钟进行介绍”，我也能进行适当的发散思考讲够30分钟；1小时的话，也只需要相应地添枝加叶就可以做到。

电影也是一样。要是有人问：“《你的名字》是个怎样的电

① 新海诚的动画电影。——编者注

影？能不能用三个小时为我细细道来？”那我应该会从具体的名字开始讲述：“主人公是一个叫作三叶的女孩，她与自己的祖母和妹妹一同生活在糸守町[①]乡间……”这样的介绍往往不需要过多用脑，只需要利用自己的记忆力就够了。但若是让我“用一分钟讲讲《你的名字》的有趣之处”，我就会下意识地停下来思考，因为这需要将其有趣的部分进行笔记思考并用自己的语言表达出来。想一句话进行归纳，要有很强大的笔记思考能力才能做得到。每每听到那些一语中的的总结或言谈之时，不得不对其深感敬佩。语言越简洁，我就越是会想象其背后强大的笔记思考思维能力。反之，一听到长篇大论又毫无重点的描述，我就会感慨“怎么没有仔细想一想再说”而失望不已。

自然，有时经过反复思考，也会因为沉浸其中而收不住表达的欲望，侃侃而谈，这种情况会令我格外享受。不过，其实只要关注其聊天时有多少次在具体与抽象之间反复转换，就能大致判断出说话人在背后经历了多少笔记思考。

① 糸守町：电影《你的名字》中出现的虚构地名。——编者注

适应抽象思考这个习惯可能会耗费你一些时间，但经过持续努力的训练，你就能快速应用抽象思考能力了。

如果想要深度了解笔记思考，可以读一下细谷功先生的《具体与抽象》，这本名著非常有用。该书中曾多次提及，法国著名哲学家帕斯卡（Blaise Pascal）留下过一句名言："人是一根会思考的芦苇。"而他在寄给友人的书信中，文末写下了这样一句话："今天没有时间了，所以写了这么长的内容。"换句话说，是因为时间不够没能认真进行笔记思考，所以信写得有点啰唆又偏离主题，有点过长了。如果能花时间思考，或许就能用更简洁的语言表达，即将具体的描述转换为抽象概念。听过山崎将义[①]的《芹菜》这首歌的读者，请回想一下歌词中所传达的情感：

不管怎么说

反正就是这样

① 山崎将义：日本音乐人、演员，代表作《One more time One more chance》为新海诚动画《秒速5厘米》主题曲。——编者注

喜欢你

说到“你”，就是所能想到的一切好的和不好的部分，如此一想会有很多画面浮现。尤其在恋爱时，因为有爱，因为有所求，才会逐渐看到对方很多的缺点（比如，自己喜欢夏天对方却不喜欢，自己讨厌芹菜对方却很喜欢）。但即便如此，对这么多具体的事例进行笔记思考的结果，一句话来总结仍然是“喜欢你”（笑）。对缺点进行归类之后，却得出了“喜欢”这样正面的结论，究其逻辑看似矛盾，但放在恋爱这件事上却实属合理。虽然像在开玩笑一样，但这种“将具体的东西用简洁的语言来总结”的思维方式就是典型的笔记思考。

化学方程式或数学公式也大多是如此简单而有力。可是，在得出这些方程式和公式之前，也是耗费了天才化学家、数学家相当的脑力思考与大量的时间来进行验证。这说明，提高笔记思考的层次，需要付出相应的脑力。“将这些具体的事物进行归纳，结论能说明什么呢？”考虑这些是需要耗费时间的，而且笔记思考是人类最为优秀的能力，除了人类，再没有任何生物能够进行笔记思考，正因如此，人和其他生物才没法进行语言交流。

读到这本书的读者，当你们在读书或看电视、电影、演出的时候，或是接触到资讯或互联网内容物之时，请一定养成做笔记并进行笔记思考的习惯。有个成语是闻一知十，就算达不到10倍的程度，做笔记的过程中获得的信息量绝对能多得超乎想象。

通过笔记思考接收的信息，能够作为一种“具有价值的原液”在今后被运用到各种具体的案例当中。这就跟在可尔必思[①]的原液里加入苏打水之后就会变成另一种饮料一样，只要拥有了最初的原液，一旦加上一些别的物质做搭配就可能变成完全不同的新东西。在当今社会，只需稍加注意就能获得各种各样的“原液”，而如果就这么忽视眼前的“原液”，那就相当于放弃了大好机会。

① 可尔必思：日本乳酸菌饮品。创始人三岛海云去蒙古国访问时长途跋涉，喝了当地游牧民珍藏的白色液体状酸乳后，体力渐渐恢复。三岛受此启发，开发了“可尔必思酸乳”的基础“可尔必思”。“可尔必思”原液很浓，需与水、果汁、酒等调配饮用。——编者注

所谓笔记思考即为“思考本质”

在前面提及“Why型”时我曾讲过，“笔记思考”讲的极端一点，就是“思考具体事件的本质”。如果能搞明白成功事例的本质，就能将其运用到其他各类事件当中。

例如，“幻冬舍[①]的箕轮先生负责编辑的书全部销售一空”是“具体事件”，即事实。对此，很多人了解到这里就算了，或者停留在一种简单的感受，诸如“真的吗？好厉害”“嗯，不是太感兴趣”。这些都不是笔记思考，只不过是一种感想。（※要对自己的这种感想进行笔记思考：为什么自己会有这样的感想？深入挖掘出其中的本质，就关系到之后我会介绍的“为了分析自我而作的笔记思考”……具体请参见第三章。）

那么，“幻冬舍的箕轮先生负责编辑的书全部销售一空”这件事的本质是什么呢？再进一步深挖Why，箕轮先生常常会开玩笑说：“就算是白纸我也能卖出上万本。”这里有两点因素至

① 幻冬舍：日本著名出版社，由见城彻与五位同僚于1993年创办。——编者注

关重要：存在着一个强有力的社群（贡献度、影响力）。至此不难看出一条规律：要想让书大受欢迎，做好社群管理非常关键。如果将这个图书市场的案例类比到音乐市场，同样的规律也能发挥效果。这正是笔记思考最强大的力量，即思考成果能够被运用到其他具体的事件当中。“深度思考=笔记思考”，从中我们能够发现规律在其他场景下的可行性和通用性。

通用性越高，其运用到其他事件中的可行性自然就会相应提高，从而也就提升了抽象思考所带来的效力。能够运用到其他10种以上案例的抽象命题，与能够运用到其他100种以上案例的抽象命题相比，自然是后者能够发挥出更大的效力。刚才提及的“存在着一个强有力的社群”这个要素，不仅在音乐市场，也能在体育、传统工艺等各种领域成为可复制的成功法则。像这样能够在日常生活中不断发现通用性规律的人才，今后也会实现爆发性的个人成长吧。

在进行笔记思考时请有意识地考虑到“通用可行性”，最好能想着我们是为了“通用”才进行的笔记思考。我们不是为了刻意而刻意，而是要一边想着“还能运用到什么地方”一边进行抽象思考，这样才能引导出更深层次的思考。

将所发现的东西运用到其他事物上，即以成功“进行复制”作为前提，将这个世界上大大小小的各类具体事件进行笔记思考。为了将这些发现加以复制利用，我们可以尽可能地收集潜在的可被运用的课题对象，这样才会有效。像我在乘坐地铁时，每次都会将广告、行人的举止行为以及发生在地铁内的各种现象、事件在脑海中进行抽象和演练，脑子都想得快要爆炸了。这是因为我会将很多具体事件进行笔记思考，通过庞大的脑回路超高速地思考如何将其转变为一种具有通用性的产物。

如此，一旦发现了“社会上各类热门的事物”“自己感觉很不错的事物”，就要抓住不放并尝试去笔记思考。不要仅仅停留于类似“虽然不太清楚，但是这家店真的待着舒服”这样的直观感受，而是要抽丝剥茧地写出其本质要素，假如今后自己要来经营一家店时就能直接拿来应用了。

只要能够正确把握其本质，不论是现实环境还是网络虚拟空间都能得以利用；只要能进行“发现本质”的笔记思考，无论做什么事，都能提高自己的执行能力促成目标的实现。

是否已经明确了“待解之题”？

在学习笔记思考时，有一个容易陷进去的怪圈。

读了本书后，如果开始有所改变，养成了“开始做笔记并进行笔记思考”的习惯固然不错，但如果这个人还没有被逼到走投无路，即没有遇到需要应用抽象规律的具体场景，这样的笔记思考行为可能更像是一种游戏。

幸运的是，我自己本就有不少需要去解决的具体问题。因为自己也在进行着极具挑战性的事情，所以每天都会遇到不少课题，除此之外还会收到来自身边的各种热切咨询：“我现在遇到了这样的问题……”也就是说，我在对某件成功案例进行笔记思考分析时，其实心中已经有很多需要被解决的问题存在了。但是，即使你一开始没有明确的问题，也可以为有可能存在的一些契机去提前考虑运用的机会，从而进行笔记思考的演练。不过，这跟那些实际抱有亟待解决的具体问题的人相比，应该要略显动力不足、效率不够吧。

假如我现在就是一名图书编辑，面临着“半年之内卖不到10万本就等着被炒鱿鱼”的危机，那么我一定会将市面上各种受欢迎的案例进行收集，并归纳出“能让图书畅销的创意”进行运用。又或者被要求“下周内必须确定出策划的主题”，遇到这样具体的问题，在日常生活中我看见任何文字都会想着是否能够运用到主题当中。像这样能够带着极强的自制力要求自己的人才是真正强大的人。

时常听闻有人经历过海外旅行之后，因为产生了独特想法而开始创业的事情。这也许就是因为前面所说的，把自己置身于跟以往不同的环境之中接受不同的刺激和信息，找到了新鲜的“具体案例”因此进行笔记思考的结果。而且，针对“想要创业”这个问题，潜意识里找到了可以运用的新发现，这就是从具体当中抽象而出的结果。

虽然如此，就算去过海外很多地方，甚至去了宇宙天边，如果心中还没有一个非解不可的具体问题，就会缺少一个特别想要进行笔记思考的动机。从这个层面来讲，也许这里的“明确亟待解决的课题”对于那些商务人士而言，是最需要放在笔记思考之前去考虑的问题。

“What型”的笔记思考能够提高语言能力

到此，我们已经介绍完了How型和Why型这两类需要考虑本质的笔记思考方法的重要性。与这两者相比，What型确实在运用方面的影响力要稍弱一些。不过在此值得重新强调的是，经过What型笔记思考的练习，可以提高“语言能力”从而为概念选择一个易于理解的命名，而这样的语言能力在做笔记时也是一种必不可少的能力。

原本在笔记思考之时，就需要将各种现象、想法写成文字体现在纸上。换句话说，笔记思考这件事有一个大前提，就是要掌握“语言化”这种技能。反之，让自己养成主动笔记思考的习惯，就能自然而然地提高语言能力，进而让自己在各方面都有所进步。

语言化的作用远远超乎你的想象。例如，对公司管理层来说，将对下属的期待有效传达给对方尤为重要。要选择怎样的措辞来传达这种期待，擅长语言表达与不擅长的人传达出的效果会有很大差别。

懂得站在对方的角度去考虑“怎么讲才会激起对方热情”的人才能善于管理。善于语言化的人，讲出来的话才会在人心中留下余音，比如“希望你来做这个、这个还有这个……”这样逐一罗列出所期待的事项，倒不如改为“我希望这半年的时间里你能够提高一下‘管理能力’”，这样的抽象说法会更能传达关键的意图。于是，“管理能力”这个抽象度很高的词汇就会一直留在对方的脑海中。当他遇到烦恼之时，就会在脑中立刻浮现这个提示语。

此外，提高了语言化能力后，身边的伙伴也会自然多起来。

在创业、策划或在其他自己想要挑战的事情上，要想顺利地召集到各类伙伴，关键就是找到那个可以体现出自己内心激情的“有生命力的语言”。像这样传达出自己宏大的目标并不单单是靠热情就能够实现的，很大程度上离不开语言能力。通过对What型笔记思考的训练，领导者能够使用独特的“有生命力的语言”进行表达，自然就会引起别人更多的共鸣，进而吸引更多的人来到你的身边。

仅凭右脑还不足以让人行动

我自己一开始也并不具备语言化的能力，而是在进入社会之后才开始有意识地磨练这种能力。毕业之后刚进入外资投资银行工作时，我曾接受过十分系统的训练。

通常投资银行在经过业务分析之后，我们需要将分析结果传达给客户，并且要让对方产生投资行为才算成功。因此，左脑负责的语言能力非常关键。虽说是法人性质的机构投资者，但是每一个决策都关系着上亿日元的投资数额，所以合理的逻辑也非常重要。

比如，右脑的直觉认为“应该选择这家公司的股票”，可这仅仅是一种虚幻的感觉，并没有形成语言化（或者说逻辑化）的东西。善用第六感的人虽然确实有极高的言中概率，然而大部分都没有经过科学的验证。

直觉这种东西很多时候难以打动别人，除非能够给对方眼见为实的可靠性或者成功案例。有句话叫“老马识途”，比起“说了些什么”，人们总是更看重“是谁说的”，并以此作为行动的参考方向。对于某些话要不要听，这完全取决于说话的人是谁，所以那些没有多少成绩的人，就算说得天花乱坠，别人终究也是听不进去。

既然是这样，那就要采取策略先成为“那种（有成绩的）人”，为此最重要的就是把其他人带动起来。光靠自己一个人总会有极限，带动身边的人积极地加入进来并创造出成绩，才能成长为“那种（有成绩的）人”。那么，应该怎么做才能让周围的人参与进来呢？这就需要“语言”了，也就是逻辑。当然，让对方感受到你的激情也是一大前提。对那些还没有任何成绩的人而言，要想让人参与进来就需要借助语言的力量，让别人觉得“想要帮助这个人”“想要在这个人身上试一试”“这个人说得好像蛮有道理”。此时发挥力量的就是这里所指的左脑的语言能力。

在筹备SHOWROOM时，其实一开始我也是全凭直觉在做。当时只是感觉“这个肯定行得通”，除此之外也没有其他更有说服力的解释了。当初的我就完全没有形成语言文字的东西，来确切地向其他人说明“为什么这个会行得通”。

当时的感受就好像我少年时代站在车站前面自弹自唱的体验，看到那些为我掏钱的客人幸福的笑容，或是客人满足于我的表演而自掏腰包，这些事为我带来的满足感是无论如何也无法用言语表达的。也因为觉得大家没有经历过就无法感同身受，所以才会认为难以用语言去形容。

也许当时那个无名的我说什么也不会有人相信吧。所以，我尝试着对中国流行的直播发布平台进行了分析，从各个角度去探索这种商业的可能性，从而认识到更多的伙伴。当时的我，深深感受到了语言化能力在助力达成目标的路上发挥了多么重要的作用，也亲眼见证了如何使用自己独创的浅显易懂的语言发挥爆发性的能量。

面对自己的内心抛出“为什么”

那么，要如何才能习得语言化能力呢？最重要的自然是尽可能大量地练习信息的输入（直接学习那些善于语言化的人的用词、逻辑）和输出（不需要过多思考，通过前面介绍的What型、How型、Why型思考方式对各类事物进行抽象思考练习）。不过，我们毕竟并没有那么多的时间，对那些一开始不知道该如何下手的人而言，比较推荐的方法是先关注自己“还没有被语言化的深层意识”。这种思维方式被叫作“意识的抽象思考”，在笔记思考的三种类型里属于Why型（为何打动了自己，本质上为何会产生这样的想法），也就是思考自己的意识“为什么会抱有这样的疑问”，再用语言归纳出其中真正的想法。

再举一个关于“意识抽象思考”的例子。比方说，从演讲会场回家的路上，觉得深有启发，然而此时还只停留于“反正就是觉得有所启发”，还未涉及运用可能性，是一个自我意识的阶段。因为对此并没有任何危机感，所以不会有过多的思考，这样下去好不容易萌芽的意识就会被渐渐遗忘脑后，无法促进自身的成长，也无法传达给更多的人。在此我们应该先暂停下来想一想，“自己为什么会觉得有所启发呢？”要回答这个问题，我们就要有意识地去抽象思考，只有用语言将有所发现的内容进行整理，才是“语言化”本身。

对我来说，不知不觉间那些不愿深思的表面意识，经过做笔记这件事得到了抽象的思考延伸，转化成了语言。在我笔记表格的左页写上了“从中学到了什么”之后，一看右侧页面对应的地方空着的话心里就会不舒服（笑）。所以就算麻烦，也要思考学到了什么，为什么以及是如何学到的，并将它转化为语言文字。

这种“意识抽象思考”的机会真的是在生活各个领域随处可见。比如觉得“这个电影很有趣”，实际上，八九成的人只是单纯觉得有趣就完了，像这种直率又真实的感觉本身就是难能可贵的东西。然而对这种意识发出“为什么”的疑问，并将其转化为语言的操作训练，才能让我们的抽象思考能力和语言化能力得到提高。要将“为什么有趣”明确为语言文字并真正传达给别人，才会形成巨大的影响力。

如果因为做笔记这件事只限于自己看所以无法持续坚持下去的话，可以尝试用Twitter等社交媒体来取代纸质的笔记。“……很有趣，这是因为……所以才会有趣。”像这样用语言表达出理由，让它变得通俗易懂，又具有一定的原创性就会容易传播。相反如果写得不易理解，又或是选用了烂大街的用词，就很难引起共鸣，所以必须在一定的限制条件下，用心去考虑表达的措辞，经过反复训练我们就能磨练出更好的语言化能力。

不论你选择做笔记还是写Twitter都可以，总之最重要的是将那个瞬间有意识地用语言完整表达出来。

讲究修辞，创造自己独特的语言

DeNA[①]的创始人南场智子会使用一些诸如“优质而不凡”这样听上去很好理解、平易近人，同时又会让人出其不意的词汇。“优质而不凡”是我非常喜欢的一个词汇，从第一次听到起，我就会不自觉地将其对应到自己的行为上去。经营者能讲出这样直戳核心又能给听者留下强烈印象的词汇，想必在其身边也一定有不少人有过共鸣。从表现手法的精巧而言，这种强大的用词能力或技巧也被称为修辞。

秋元康先生就是一位修辞天才。修辞本身也分为几种类型，最常见的修辞法就是“将没有组合过的词汇组合到一起”。秋元先生就是因擅长组合新词而一语惊人的高手。

比如“永远太短暂”这句话就曾被使用到歌词里。

“永远”和“短暂”本身就是互相矛盾的词语，因此，之前从未被组合到一起过。可是，一旦将没有组合过的词语放到一

① 世界领先的网络服务公司，业务涉及社交游戏、电子商务等。——编者注

起，这种特别的组合反而能给人留下特别深的印象。

那么，短暂的永远是什么呢？比如，某个大学生与喜欢的人一起坐在公园的长椅上，第一次两只手牵到一起的那个瞬间。虽然会觉得“好想让这种身体发热、飘飘然的幸福感永远持续下去”，但其实却无法永远，还要在门禁时间之前回到家才行，所以才会用“短暂的永远”去形容那种甜中带酸的情感吧。像这样多使用修辞的措辞，就会深深打动听者的内心。这样的辞藻在听者心中萌芽成长，就会留下非常深的印象。

在与放送作家[①]铃木收先生进行会谈时，我常常被其流利的修辞弄得痴迷不已。前些日子他还说出了“直播VR”这样的词汇。

当时我们在进行关于虚拟角色在现实场景中相汇的节目策划，大家在考虑要如何命名比较合适。

就在大家绞尽脑汁时，收先生嘀咕了一句“直播VR怎么样？”不禁让人目瞪口呆。仔细一想，“直播（=实况）”与“VR

① 放送作家：为综艺节目撰写台本的人，要考虑节目的企划，参与节目的编排、录制。——编者注

（=虚拟）”本来是两个意义相反的词，将原本相互矛盾的词汇组合到一起，会让人心中禁不住要浮现一个问号（发现这个结论也是一种笔记思考）。如此，讲究修辞而创造出原创的语言就能更好地提高语言化的水平。

善于表达的人的两大共同特点

在前面提到过，人们如果不尝试为概念命名的话，就无法促使自己进行思考。这样不仅无法记住概念，还无法将其运用到其他地方。人类正是由于抽象思考与语言化的天赋，才产生了创造性。

比如，在学校学习英语时的语法也是如此。因为语法中都会用严谨的语言模式来定义“过去式”“虚拟语气”等，所以才能将其准确地应用到不同语境中。与其每次用一种没有效率的方式介绍“在表示过去的时候，都要接上-ed”，降低语法的通用性，不如通过笔记思考将这一用法命名为“过去式”，可能会更便于引发思考与讨论。

前面提到过的南场智子先生、秋元康先生、铃木收先生无一不是擅长语言化的高手，在笔记思考之后都能够想出一个最为恰当精妙的“关键词”。

擅长语言化的人，大致都具备以下两个特点。

一是具有很高的笔记思考能力，在这之中又以类推能力尤为突出。类推是指，在看似没有相关性的事物之中发现其共同之处而将其联结起来的思考方法，也就是从身边找到具体案例的特点，经过笔记思考后再将规律应用到其他具体的案例中。

例如，秋元先生在回答我的采访时就曾说过：“前田君就像猎人一样。”我和猎人原本是距离很远的两类人，但他发现了我们之间可以类推的联结。经过反复的训练后就会慢慢懂得拿捏，该如何选择存在差异的具体事物进行笔记思考了。

具体而言，如果选择“就像……一样”这种明喻的方式，最好就选择一个从未被拿来比较的对象。显然，把前田比作猎人也是来自秋元先生的一个前无古人后无来者的比喻。因为选择一个相去甚远的事物，会让人产生“啊？这是什么东西？”的疑问，从而引起对方听下去的兴趣。秋元先生这么说会让人去想：“为什么是猎人呢？”此时他便再继续铺垫道：“优秀的猎人实际上在拿起枪杆时并不会只睁着一只眼，而是用两只眼睛在追逐猎物并扣动扳机。”这一下就会让人顿悟。不是用一只眼而是要双眼并用，全面观察，一下就让人明白了对方类推的深意。

在我看来，秋元先生有着异于常人的细致性格，他一定是在日常生活当中就习惯为各种事物贴上笔记思考的标签，为日后的各种类推收集信息。比如，像“人生如流水，川流而不息”这种表达，说得非常贴切又奇妙无穷，是一种具备了极高抽象能力才会得出的类推手法。看到流水缓缓，不禁感叹：“啊，流水不仅蜿蜒曲折，也有一泻千里的时候，正所谓万事万物皆有两面。”思考至此就可以停下了，但如果继续将流水抽象化，你会发现“人生也是一样嘛”！发现特点再进行笔记思考，看似是一种再寻常不过的做法，却能让我们的语言化能力飞速提升。

二是非常善于为抽象的概念命名，具有为无法命名的事物确定出贴切的标题、关键词的能力。因为抽象而难以命名的概念通过语言的形式能够在一定程度上确定成形，被明晰地呈现出来。

例如“自我分析”这个词，虽然不知道一开始是由谁提出的，但却是一个非常直观而易于理解的词。我觉得这是一个非常好的语言化例子，如果把这个词改成“笔记思考”，估计大家都会很疑惑，就算补充说明“客观地看待自己的内心并进行分析就是笔记思考”，大家也只会疑惑地回应：“什么啊？笔记思考是什么啊？”而“自我分析”这个词，即便不用类推法或者修辞法，读起来就如字面意思般易于理解，让人一目了然。这是一个非常好理解的例子，启示我们不用往奇怪的方向进行归纳，可以首先尝试大家通俗易懂的词汇、脍炙人口的名字。这也是一种语言化的能力。

积累“一语中的”的词汇可以提高表达效果

既然要想办法语言化，就应该尽量采用更具冲击效果的词汇。那要如何才能引出更多这样的词汇呢？对此我的建议是，尽可能写下更多的“触动内心的词语”，暂且把笔记思考这件事放到一边，先尝试写下让人印象深刻的词汇。

比如，我最近就经常提道“可任意处置的精神”。展开来讲，因为我们的时代已经从曾经相互争夺“可任意处置的收入”，到竞相争夺“可任意处置的时间”，发展到当今互相争夺着“可任意处置的精神”。

这里的“可任意处置的精神”并非出自我的原创，而是在与Metaps①的佐藤航阳先生共进午餐时听他讲起的词语，听过之后我就立刻记了下来。不论是由谁说出的词语，只要觉得不错我都会吸收过来。有些与我关系很好的企业家和名人，他们使用的词语中也有不少出自我的原创，反过来他们也有很多说

① 日本应用货币化初创公司。——译者注

法被我吸收。我觉得这种“相互切磋的关系”非常棒。

此外，如果将“可任意处置的精神”换成商务人士常用的表达的话，也可以说成是“心灵占有率”。这原本只是市场营销方面的专业词汇，用来体现某企业、商品、品牌等在消费者心目中的占比，但最近引申出了更广泛的含义。如果内心的容量是100%，当在工作中接手了一个大项目时，工作的比重就会占到80%—90%吧；或者如果有了交往对象，恋爱的重要性就会相应提高，一瞬间就能抵达80%—90%；若是听到什么爆炸性新闻，一瞬间心中也全是关于新闻的信息……在有些商业领域，会将这类情况用心灵占有率来表示，但是重新命名为“可任意处置的精神”之后，就会给对方留下更深印象，带来第一次听到的新鲜感。

另外，在笔记上写下“可任意处置的精神”时，我还会考虑还可以在什么语境下使用这个词。因此，佐藤先生在提到这个词时所言及的内容可能会跟我使用这个词语时的语境不太一样。一旦能够熟练掌握抽象与具体的转换，就能将其他人使用的词汇运用到自己的对话当中了。

那些能够影响别人的措辞往往都经过千锤百炼。将这样的措辞放入自己的词典里，今后自己的表达也会更加内敛有力。

比如，我经常会借鉴在电影或演出中学到的用语。这些词汇很有可能是编剧为了充分利用几小时的故事剧情感染观众，而耗费脑力反复推敲而出的成果。因此，我才会将这些极具冲击力的用语储存到自己的词库当中。

所以说，一旦听到那些打动自己、吸引自己的表达时，一定要尽量写下来。

除此之外，歌词或者在路上看到的宣传广告也可以，朋友不经意之间的一句话也可以，商店的名字也可以；直接借鉴也可以，经过笔记思考再将其运用到其他地方也可以……

曾经，我在冲绳的街上漫步闲逛时遇到过一家叫作“京都”的小酒吧。明明身在冲绳却写着“京都”，着实有点意思，于是我顺手就写了下来。当时也没想太多，只是简单记了下来。之后偶然有次去到北海道又遇见了一家叫作“童话”的小酒馆。

走进这家酒馆，迎面而来的却是一位毫无童话感的妈妈桑（笑），因为太过印象深刻，所以也把“童话”这个词写到笔记本里。那时我突然想起之前写过的“京都”，于是乎得出了“这其中存在与事实相违背的特点，即具有反差意味的命名更容易让人印象深刻”这样一种抽象的结论。如此，不经意记下的笔记，也能够让自己不经意间掌握更为丰富的表现技巧。

所以，如果发现了任何有趣的事物，首先洞察一下自己内心有没有产生什么变化。然后，将自己置身于表达者的角色后，就会想出更具创意的语言，也会更容易给别人留下深刻的印象。

“我见”与“离见”

在提高自身笔记思考能力时，有一个最值得掌握的技巧，那就是养成“抽离自己、从旁观察的习惯”。

创造出能乐[①]的世阿弥[②]写过一本叫作《花镜》的论书，其中曾提到过“我见”与“离见”这两个词。

在艺能世界，存在擅长表演和拙于表演的人，究竟是什么将他们区分开来的呢？世阿弥说那就是“眼睛”。一方面，所谓拙于表演的人，只是拥有自己（我）去观察周围的眼睛，即“我见”；而另一方面，善于表演的人能够脱离自己，用“离见”的眼睛从远处去客观地审视自己。简而言之就是，客观的目光。能将“我见”与“离见”达到一致，才是成为艺能表演家最为重要的核心特质。

如果每天都在无意识地思考，往往会过分沉溺于“我见”，容易集中于自己的视角、过于偏向主观的事物。站在远处保持客观冷静地看待自己，有意识地“离见”是在笔记思考时很重要的因素。Japanet TAKATA[③]的创始人高田明先生就对能乐有

① 能乐：在日语里意为“有情节的艺能”，是最具有代表性的日本传统艺术形式之一。就其广义而言，能乐包括“能”与“狂言”两项，前者是极具宗教意味的假面悲剧，后者则是十分世俗化的滑稽科白剧。——译者注

② 世阿弥：日本室町时代初期的猿乐演员与剧作家。——译者注

③ Japanet TAKATA：日本网购平台。——译者注

着很深的造诣，据说他就是时常有意识地进行着这种“离见”来提高自己的表达能力。

通过拍照来培养“客观思维”

想要训练“离见的观察”，可以将自己的一举一动直接录下来进行观察回顾。另一个有意思的方法来自一位颇为出名的摄影师，就是每天都拍下一定数量的照片，比如一天拍50张，然后重新回头去看。

于是发现，根据当下心境的不同，“面对摄像头的表情”也会有所变化。再回过去看当时拍下的照片时，仔细一看就会发现当时自己的喜好，比如你可能“拍了好多花”“拍了不少啤酒”，等等。在远处观望自己是迈向“离见”的第一步，然后你就会发现自己居然这么不了解自己。教给我这个方法的摄影师一直坚持做着这件事并不是为了提高拍照的技术，就是为了客观地观察自己。他发现自己“最近好像老是喜欢某种形状的花”“拍了好多黄色的花”，然后会把它们用具体的语言归纳出来。这就是通过照片来进行感性的“自我分析”。

有意识地去“离见”，能够让你更容易发现事件整体以及深藏于人与物当中的本质密语，从而逐渐变得更加擅长笔记思考。

“笔记思考游戏”

到此，我已经介绍完了笔记思考的方法论。作为本章的总结，接下来我将把我经常与SHOWROOM公司内部同事一起进行的一项“游戏”介绍给大家。

你可以叫它“笔记思考游戏”，熟悉之后它就会成为你日常生活中对各类事物进行笔记思考的练习素材，推荐给非常乐于享受笔记思考的读者。

这是一种针对“A就是B”时，从B当中提炼出抽象要素，然后说明其与A的共同点的训练。因为是一种游戏，所以也不能说它与笔记思考素材有什么直接关系。只不过要将随处见到的东西衔接到另一个毫无关系的事物上，尝试建立二者的关联，用“How型”思考方式想办法将其中的共同点表达出来。

值得一提的是，A的部分最好采用一些更高抽象度的词汇，即“通用型性很强的词汇”，否则就会很难完成表达。比如“不觉得人生就像小笼包吗？”“工作就跟打麻将一样对不对？”这样的表达在游戏中才会显得有趣。

就好像前些日子，我跟公司的同事一同去了一家中餐厅，对“小笼包”进行了抽象思考。“我觉得小笼包就跟人生一样”，原因有三，第一是“需要有蒸煮的时间”；第二，“核心的东西在内部”；第三是“一不注意就会烧焦”。你难道不觉得这就是人生吗？

第三章

用笔记思考了解自己

笔记思考能够教人看清“自己”

至此我们已经介绍了如何将笔记思考这个魔法道具进行“具体和抽象的运用”，也细细研究了其核心内容。

那么接下来才是真正的主题。这本书并不只是一本普通的与思考相关的经验谈。学习了笔记思考的技巧之后，要是没有明确一个“自己想要做的事情”，那就没有意义了。这就好像明明没有一个需要打倒的敌人，却还是手拿长剑站在一旁的战士一样。

那么如果你没有找到“想要打倒的敌人”的话，现在应该如何找到自己的敌人，或者说需要解决的课题、想要实现的目标呢？本章的目的就是要通过方才介绍的笔记思考魔法来解决这个问题。通过学习这一系列的经验知识，说到底就是要找到贯穿自己一生最本质的人生方向。

在执笔这本书时，我尝试着重新回顾了我至今所积攒的庞大的笔记思考经验，真是多到让人疯狂。我也不禁想要问问自己为什么如此固执地坚持写下了这么多笔记，得出的答案却意外的简单，就是因为有着强烈的愿望。那是一种就算缩短我的人生也没关系，想耗尽一生去实现的愿望。而笔记思考就是实现它的武器，正是这种顽强的意念，才会支持我保持着对笔记无限渴求的态度。

你是谁？你真正想去追求的是什么？要想搞清楚这些问题，笔记思考会非常有用。在这本书的一开始就曾介绍过，曾经那些由人类主导的大部分操作类的工作在今后都会不断被机器所取代。在这样的AI时代，唯有那些无法被机器所取代的生活方式以及人类心中的“感情”，才会逐渐显现出更多的价值号召力。换句话说，能否清楚回答“自己是谁”“现在在做什么”“接下来打算做什么”等问题，在未来将是一条非常关键的分界线。

原本在就业阶段，“自我分析”就是一件再普通不过的事情。但不要小瞧这件事，努力把它认真做完的话，一定能有所启发。

而且“自我分析”到最后都会面临一个问题：“自己想要做什么？”想了解自己却不知道自己的愿望，那么即使读多少本商业书籍或是去过多少次学习研讨会都没用。首先最重要的是“了解自己”。

在这个信息泛滥、混沌不清的时代里，只有那些不会迷路的人才会真正强大起来。这跟有没有钱没有关系，能够明确知道自己想要做什么的人才是最幸福的。

有一次跟咨询顾问波头亮[1]先生进行对话时聊道：“曾经有一个时期，我们是根据人拥有的金钱来判断他的富裕程度，然而如今已是看‘待办事项’去判断富裕的时代了。换句话说，那些最清楚自己想做的事情，最具有美感的人才是最富有的。

① 波头亮：毕业于东京大学经济学部，曾入职麦肯锡，之后独自成立了经营咨询公司XEED。——译者注

就算有再多的钱，如果没搞清楚自己想做的事情或者没有清晰的艺术审美，就会难免于不幸吧。”我觉得这句话表达得再贴切不过了。

虽说到现在才去进行“自我分析”有点为难，但是至少它能帮助你看清楚自己不忍直视、讨厌的部分。毕竟在这个世界“不得不做的事情”只会越来越少，大多数事情都是“差不多就行”，因此发现“自己是谁”“自己想要做什么”是一件极为重要的事情。如果知道了自己想要做什么，那就直接做就好了，这样最大的好处是你可以把自己的生命都集中在这件事情上，避免精力的浪费。

做不落后于时代的人

现如今，世界各地的人们与“智能手机”紧密关联，这样的状况在10年之前谁都无法想象。而且，以现在的技术只会比之前更迅猛地发展下去，恐怕我们连5年后的事情也无法预测。

不过，就一个大概的趋势，或者从社会的走向来讲，还是能够做些预测的。我所预测到的一个变化是未来会更加关注“个体”，因为互联网的实现为个体赋予了更多的权力空间（也就是个体经过自身的努力可以更公平、更方便地提高自己的实力），因此今后的时代会比以往更多地关注个体的价值。

委身于大群体中生存的时代差不多要迎来终结了。今后即便身处群体或组织当中，个人的技能与工作能力都会凸显出来，被更清晰地看见，甚至超越固定的组织体系，以项目制来分配工作的情况也会越来越多。

区块链的技术将会被沿用到生活的各个角落，促进分散型社会的改革，进而使得组织、企业这类的概念和框架意识越来越弱化。

在这种趋势之下，以“个体”来应对挑战就需要具备相应的基本态度与技能，否则不经意之间就会被时代所淘汰。我们现在就处于一个极具挑战性的局面当中。

个人主义时代里“御宅族”最具潜力

那么，在今后的社会中，究竟怎样的“个体”才是有价值的呢？

在我看来那些狂热于某些事物的“御宅族”恰恰成为了价值创造的源泉。他们因为对于某些事情极度热爱，所以懂得尤为详细，并且能时刻保持思考。

例如，堀江贵文[①]先生，当他开始讲到和牛[②]或火箭时，就会一直激情澎湃地讲，停都停不下来。对于一个事物能够投入如此热情的人，一定也会引起更多人的共鸣、汇集更多的投资。

当然，仅仅是宅和热衷于某件事情还不够，还需要有自己独特的观点或是直觉。不仅仅是“很了解某件事”，吸收知识后还要能提炼出属于自己的独特的“观点”，这样才能被称为“有

① 堀江贵文：日本知名门户网站——Livedoor（活力门）的前总经理。——译者注

② 和牛：当今世界公认的品质最优秀的良种肉牛，其肉大理石花纹明显，又称“雪花肉”。由于日本和牛的肉多汁细嫩、风味独特，肌肉脂肪中饱和脂肪酸含量很低、营养价值极高，因而在日本被视为“国宝”。——译者注

价值”，让人产生消费的欲望。

比如，搞笑艺人KING KONG组合成员西野亮广先生策划的“标记书店”是一个线上二手书店，一些市面上常见的书籍也能因为某些特殊的原因被卖到高出定价几倍的价格，有时竟然还能卖到三万日元之多。

之所以会发生如此魔幻的事情，是因为这家书店主要经营的是“有缺陷的书籍”，或者说“写有个人批注的书”，读者在这些旧书上会用笔勾出自己在意的内容或是写上批注等。

于是，书中不仅包含原有的“信息”，更承载了读者的“观点”，所以才会拥有如此的价值。

相信那些心有所爱或是能够执着于某些爱好的人，在今后也会表现出更多的优势。为此我们才需要去了解自己，明晰自己的愿望。

求职期写下的30本“自我分析笔记”

我曾经在自己的求职期间写下过30多本“自我分析笔记”。也许有人会问，写这么多干吗呢？这主要是考虑到要“对过去的自己进行笔记思考”，所以尽可能地把之前的经历细细地回顾了一次。

我具体是怎么做的呢？首先，市面上已经有现成的教材去指导如何回顾人生历程了，所以我觉得没有必要花更多时间从头做起，于是我就在路边的书店里买了一本关于求职的自我分析之书，对书中列出的问题全部进行了回答。

每年大约50万人投入到求职大军中，在这场关于“有多了解自己的竞赛”里，至少排名靠前的1%，即5000人应该会认认真真地带着异于常人的热情去完成自我分析。

以我当时很想进的外资投资银行为例，在提交应聘申请表的阶段，就已经达到了万里挑一的概率。在这样的情况下，是没办法靠“偶然”概率被选中的。那么为了将偶然变成必然，有没有什么事情是值得努力一试的呢？我的结论就是“把自己从里到外分析个透彻”。

找到“人生定位”

举个例子，如果问你“现在最喜欢的颜色是什么”，你能立刻回答得出来吗？

我最常听到的回答应该是“嗯，我想想……应该是蓝色吧”。

我因为在求职准备期间对自己进行了非常透彻的研究，所以听到这种问题就会回答：“颜色方面我考虑过很久，总的来说最喜欢三种颜色，蓝色、藏青色和黑色。请您挑选其中一个颜色，我再详细地介绍一下为什么我会喜欢这种颜色。”

如果在日常生活当中也就罢了，但是求职的时候被问道“喜欢什么颜色”时，提问的人自然不是真的想要了解你喜欢什么颜色，而是通过轻松的问题去了解你的性格倾向；也想利用一些突然的问题看看你会怎样应对预料之外的话题并展开对话；

以及想知道你对自己有多了解，是如何诚恳地对待自己的人生。这样的解释才能说得过去。总之不管怎么说，可能对方问你的目的并不在于了解你“是否知道自己喜欢的颜色”。

所以，建议你像我这样对自己从出生到现在所经历过、感受过的一些事物要素进行回顾，并花时间好好地深思一番。

经过彻底地自我分析，逐渐地你就会看清自己所拥有的“人生方向”。如果你觉得“我在……的时候最能感到幸福，如果以此作为目标的话，我一定会非常开心的”，也就能够确定出一个努力奋斗的方向了。真正了解了自己之后就会不可思议地自信起来，与此同时也会更多地意识到自己的不足。可是，正是因为懂得了“不足之处”，才有可能从中获得成长。跟那些不知道自己缺点的人相比，这已经是一种进步了。

在进行自我分析时，有时也会感觉怎么自己全是缺点，人生方向也毫无头绪。此时你完全没有必要感到失望，因为真正的答案一定就隐藏在过往的人生当中。我会告诉你如何去找到它。各位的未来没有任何人能够预测，可是，从过去到现在的这一段历程却只有各位自己最清楚。请大家把关注点放在过去这段时光中自己是如何度过的，如何做出的每一个决策，从这之中去发现自己的人生方向吧。对于有缘读到这本书的读者，虽然我真的很想一直从旁协助，但是第一步还是希望大家能够亲自认认真真地尝试，相信你一定会有所发现。

“芥末章鱼理论”

“要是这样也没能找到方向呢？”我并不希望各位抱着这种恐惧的心态阅读下去，为了给大家带来更多安心，我先把话放在前面。如果万一，各位在读完了后半部分之后仍然没有找到方向，那也没关系。此时，你需要做的就是将我们讲的这些方法以及眼下需要做的东西先放到一边，让自己从中跳出来，多拿出一些时间用客观的视角去俯瞰审视自己。如果日常太过忙碌，会容易看不清自己。可以尝试去一个远一点的地方旅游一下，或是让自己接触到更多的观点和价值观，看看电影读读书，多见一见人聊聊天，说不定不经意间就能看见新的选项了。因为，对那些回顾自己的过去也没能找到方向的人来说，就不要再观望过去，而是相反，通过更多的新体验来接触新的选项，这一点也很关键。

我自己有一个叫作“芥末章鱼理论”的思考方法。

比如说“如果明天地球就完蛋的话，今天晚上你想吃什么呢？”拿这个问题去问小学生的话，估计会听到汉堡包、咖喱饭、炸鸡块这些答案。要是这之中有个回答“芥末章鱼”[①]的小孩出现，那就相当有品位了。但是可能根本不会有这样的孩子出现。我这么说你是不是觉得很不可思议？如果对这个孩子来说“芥末章鱼”就是世间最好吃的东西，为什么不能说呢？道理其实很简单。人们在回答“喜欢什么样的事物”或是“想要什么样的感觉”时，原则上都与自身的经验有很大影响，若是没有体验过就无从知晓，也就更不可能说“想要做”了。而小孩大概率不会去

① 芥末章鱼：选用鲜度极高的生章鱼和清脆爽口的山葵菜，配以秘制的芥末精调制而成。最早是由日本北海道地区首创，在日本几乎家家料理店都有，是食客的经典下酒小菜。——译者注

吃芥末章鱼，所以他们也不太可能会说“想吃”。

如此，有了新体验才会有新选项，那就尽可能去丰富个人经验，这样就能够提高发现“想要做的事情”的概率了。如果你认真去做一定会有所发现的，而且有所发现之后就要努力去实践那份“想要做的事情”。

唯有笔记思考才能自我分析

如果只是一味地为了回答问题而写出答案，并不见得会提高自我分析的效率，关键是要在自我分析的同时将问题“具象化”并开展“笔记思考”。特别是自己针对每个问题的回答，要有意识地以总览全局的角度去进行笔记思考，这一点相当重要。

如果只是简单地回答自我分析中的问题，比如“你的弱点是什么？长处又是什么？”任何人都知道怎么回答。但是经过自己的思考将具体的弱点进行抽象总结，同时再将这之中获得的启发运用到其他事物上（具象化），那才会产生不可估量的巨大价值。

举个例子，要回答“自己的优势”，所以写下了“很有耐心”。如果就此停住，那这种自我分析就做得很不足，应该更进一步把“如何有耐心”进行具体阐述。因此，你可以带着“为什么这么说？”的疑问，对此进行深入的洞察和挖掘。

要知道，如果在面试时被问道“你的长处是什么”，而你只是回答“很有耐心”，话题就无法展开，你的回答就不具备说服力，无法让面试官产生“这个人如果进到我们公司，希望他也能把这个强项发挥出来”的想法。

比如，如果问“前田先生的长处是什么”，也许会有人回答“充满热情并付出超乎别人的努力”。对此，其实可以稍微再具象化一些，改成“考试之前每天会花好几个小时学习”“每天工作到凌晨5点”的形式。

接着我可以继续转为笔记思考，试着问自己“那么为什么自己能够做到如此超乎常人的努力呢”，进一步去思考后就会得出另一个答案——“是对于命运的愤慨”。

在我8岁的时候双亲就过世了，贫困当中经历了很多痛苦的回忆不说，也没有一个能够让人安心学习的环境。可是，即便这样我也绝对不愿意屈服于命运，不愿输给那些身处优越环境的人们。因为自己什么也没做却要处于这种逆境，实在是让人愤恨不已，所以才想要打破命运将这种逆境变成正面的状态。此时我才真正发现了存在于努力背后的这份情感。

这就是针对付出超乎别人的努力这件事，从具体的事例中进行自我审视，对为什么可以做到这样的努力进行笔记思考的提炼。由此，就能说明“超乎别人的努力”的背后还存在着“对命运的愤慨”这样的更高级概念（更具通用型、抽象度更高的概念）。经过这样的笔记思考与语言化，才第一次做到了能够很好说服别人与自己的自我分析解读。

如果将所讲过的这种有效自我分析模式用一句话总结，那就是“意识的具象化×笔记思考”。

① 看清自己的意识（具象化）

② 深挖背后的Why（笔记思考）

普通的自我分析通常做到①就停止了，可是这样做抵达不了本质的部分。读到这本书的读者请务必坚持抵达自己本质的最深处，你一定能做得到。

尝试写下自我分析笔记

按照我们之前说的，首先需要注意的是笔记的左右页要一起使用。在左页顶端写下问题，再在左页写下针对该问题的具体答案。举个我自己的例子，针对“自己的长处是什么”这个问题，我用一句话来总结就是“超乎别人的努力”。将事实的部分随意写在左页，接着转到右边页面开始笔记思考，对能体现“超乎别人的努力”的具体事例进行抽象剖析，用一条线从中将右页分成两部分，并在右页左侧写下“对命运的愤慨”。

然后针对抽象而出的“对命运的愤慨”，思考“持有这种观点的自己接下来要怎么做才好”。比如，我就是“必须要把命运改写成积极的结果，才能消除心中的愤慨”。接着将这段内容写在右页右侧“实践运用”一栏中。因为这样写抽象度很高，可以更进一步具象化，写出实际可以从哪些地方着手。

也许已经有读者发现了，这个方法其实和之前介绍过的笔记方法是一样的，都遵循了“具体→笔记思考→实践运用”这个知识创造思维的黄金法则。

自我分析这件事并不只是用于求职阶段。已经步入社会的人也可以通过自我分析来培养了解自己的意识，这一点很重要。还没有找到人生方向的可以通过自我反省来找到方向，已经找到方向的也可以通过它来重新确认自己的价值观是否有所动摇，由此可以更加自信地走下去。

据说该书日文版的编辑——箕轮先生在其求职期间曾说过：“我的优势就是只要觉得有趣就会全情投入进去。”具体讲来就是“在印度被非法监禁之后没去找警察，而是跑去网吧在博客上记录下来那段有趣的经历”。

如果按照我的流程，是应该将“全情投入到感觉有趣的事情上”进行抽象思考的。不过这样的价值观本身就已经没有太多抽象的空间，已经是通用性很高的产物了，所以没有必要勉强去抽象思考。“只要觉得有趣就会全情投入”这件事就是对自己的各类偶然行为的概括，也如同一种属于自己的人生待办事项。

不过很多时候，被问到自己的强项时，我们回答的内容并不会具备那么高的通用性（至少从听者的角度会难以觉察到通用性高）。因此，才需要用笔记思考来探索背后更高级的概念，并形成具有通用性的观点。

在求职的时候有时会过分关注“说服面试官”这一目的，但是除此之外，发现一个不易动摇的人生定位，对找到自己人生的方向格外重要。没有一个方向指针，一旦发生一些让自己产生摇摆不定的事情就会开始自我怀疑：“是不是我做错了……”

这里所说的不易动摇的定位，正是起着人生之锚的作用。

虽说要尽可能高度笔记思考，但是抽象度过高也可能令自己模糊不清，这就要找一个可以进行平衡的锚、一个不会轻易坏掉而指向错误方向的指南针。

① 幼年期有什么痛苦的经验?

■ 事实：没有钱去上补习班，上过补习班的孩子都格外聪明。但是之后我拼命学习，总算超越了他们。

■ 抽象思考：希望通过努力改变命运，逆境可以成为改变人生的跳板，证明这一点才是我最大的努力动机。

■ 实践运用：以这份动力为原点进行创业。希望能通过自己的经验来激励那些抱有同样愤怒的人，给予其勇气。

② 小学时代有什么开心的体验吗?

■ 事实：哥哥看到我的通知单很开心。

■ 笔记思考：看到哥哥开心我也会觉得开心。

■ 实践运用：希望做出更多让哥哥开心的事情。

幼年期有什么痛苦的经验？

受环境压迫（→希望可以打破当时的环境！）

苦于贫穷

◎没钱
- 吃饭
- 学习（学习班）
- 遗憾

弊害

“赤崎同学事件”

◎能去当地最好的学习班学习的孩子们更聪明。

（比如：赤崎同学）
→
- ·质数
- ·遗憾
- 瞬间记忆（通过影像）

“影像”是一种激励开关

◎拼命学习

↓

◎成绩赶超对方

激励机制确立期

语文		5	通知单 ××中学 前田裕二
社会		5	
英语		5	
理科		5	
数学		5	

→ 哥哥的喜悦

笔记思考3

●没钱造成的困境因人而异，每个人所能感到的痛苦程度也不尽相同。

●哥哥的喜悦、甚至让哥哥开心这种行为本身已成为我的快乐来源。

↓

（命运之墙）

依靠后天的努力去颠覆它！！

↓

●用自己的人生去证明“逆境可以成为人生跳板”

（也许这才正是自己最根本的动力来源）

哥哥的喜悦也成为了行为动力？（进一步深究）

实践运用2

自己所采取的行动是否能让哥哥感到开心呢？

要考虑自己的行为是否能够实现上述愿景。

★
- ·旅行→夏天？
- ·礼物
- ·电话/LINE
- ·谈心
- ·一起午餐

将这份激励作为原动力，开创一份事业

↓

- ·互联网
- ·赋予个体以行动力量

× 娱乐？

‖

视频服务？

考虑相关策划★

向有着同样愤慨的人们分享自己的个人经历，传达勇气！

中学时代对我影响最大的人是谁？
曾送过我吉他的亲戚家哥哥
（成为开始弹吉他的契机＋不求回报的爱）

像母亲一般的老师

◎中学时的班主任老师

- 授课范围之外的人生教育
- 跟我和哥哥进行三方交谈

→比起学习，更在意我个人生活与情感的老师……

摇滚明星（对自己而言）

◎亲戚家的哥哥

- 送我吉他

  →还教会我怎么弹吉他
- 有时会请我吃饭
- 为我的人生规划提供意见
- 有很好的审美观，总是打扮入时

“体贴”的老师

◎篮球队的教练

- 关注我的各种烦恼
- 一直关心我的饮食
- 除了篮球之外，特别喜欢他认真对待每个人的态度

他们了解我的不足之处

◎朋友们

- 不论何时到访都会让我留宿
- 一起痴迷于玩游戏、听音乐
- 一起掉到河里去、一起骑自行车远游等，可以一起做傻事

笔记思考 1

◉对我付出的关爱已经超出了原本的角色义务

↓

不求回报的爱

提供心理上的安全感

“不管怎样都会支持你”这样一种安全感。

无私的、不求回报的爱。

并没有觉得“我失去了双亲，所以没能受到充分的关爱”。

反而被这份超出寻常的无私大爱支撑着走到现在。

实践运用 1-2

★时常保持这样的心态

前提：原本的作用？

↓

虽然只是一种额外的帮助，也要试着往前更进一步，多替别人着想一些。

基于自己付出非常多努力的前提

→ 下面轮到我自己

这一次我想成为别人的支持者

为那些觉得“在这个世界上无法再活下去”的人送去希望

理想：无私的利他行为

重点：哪怕是处于利己的出发点也没关系

★尽可能去增加利他的行为！

③ 初中时期对我影响最大的人是谁?

■ 事实：亲戚家一位送过我吉他的哥哥。

■ 笔记思考：无论何时都会站在我身边支持我，给予我无偿的关爱，成为我非常重要的支撑力量。

■ 实践运用：今后我也想要成为一些人的支撑力量，给予他们无偿的关爱。

④ 高中时期有什么样的梦想?

■ 事实：希望进入联合国这样的国际机构。

■ 笔记思考：有种强烈的愿望，想跟世界上各种不公平进行抗争。

■ 实践运用：通过民间的力量、互联网的力量来解决世界中的各种不公平。

若不写下“具体要做什么”，人生将毫无变化

假如要回答“十年之后你在做什么”，创业者大概会写下“成为一家估值万亿的上市公司的社长”。可是，这样的回答太具象，看不清楚自己本质的追求，只不过是简单地设想了一下“十年后的自己”。其实应该要对“希望成为估值万亿企业的经营者”这样的想法进一步深挖分析，也许你就会发现自己是希望“持有万亿日元规模企业10%的股份，拥有上千亿日元的资产”，或者是希望“被称为杰出企业家”，又或是希望“能够逐渐提高资金的筹措实力，实现更大规模的投资，为社会带来巨大影响力”，将这些都写在笔记思考一栏中。

针对每一个问题都要进行笔记思考剖析，即便每一项的笔记思考程度或高或低、层次不齐也没关系。总体而言，希望能对每个问题所回答的具体“事实”进行笔记思考。去思考“事实的本质是什么”“跟其他项有没有共同之处”，如此抽丝剥茧。

此外，抽丝剥茧之后，接下来要怎么做呢？将这些价值观

落实到自己的现实生活当中尤其重要。换句话说，就是笔记思考之后必定需要进行运用。就算有人“不知道自己要干什么”，通过反复这样的训练，也会逐渐看清楚自己需要做什么，而且执行起来也会更容易。

“运用”真心重要。就算明确了“人生要投入在这块领域不断开拓”，如果不能确定出“现在具体要做什么”，那就没有意义了，也不会有任何进展。

很多人虽然做到了笔记思考，但是不能进行运用，不能有所行动，所以梦想一直只是个梦想。我一直觉得在仅有一次的人生中，如果没有任何行动来促成梦想的实现，那就实在太浪费了。

至少请想一想“五分钟之后要做什么”“现在能够做些什么”。

如果想经营万亿日元规模的企业，就得想到具体的行动方针，要想上市的话，应该选择哪一家证券公司才好？要不先问问自己敬佩的那几位上市企业社长，尤其要听听最近刚上市的A公司和B公司社长的意见。

一直写到发现自己的核心价值为止

这样的笔记要做到什么时候呢？或许要将所有能见到的问题都回答一下，才能真正有益于自我分析。

不过，如果做到一半就发现了自己的核心价值，发现了那个“无论如何也不想放弃”的人生方向，就可以停下这个环节了。如果发现虽然每次的视角、思考的程度都不太一样，但总是会回到某处，这就说明你发现了可以指明方向的指南针，也就是发现了自我。

如果有正在求职的读者读到这本书的话，一定能够获得超过其他竞争者的自我洞察和自我总结，还能让面试官感受到“这位候选人对自己分析得相当清晰”。更多地了解自己，也能让自己更加自信起来。能够有耐心进行大量自问自答的人本来就不多，所以能完成的人从内而外散发出一种自信——“我是不会动摇的”“我不会再迷茫了”。因此，若真想求职成功，请先拿出热情去挑战附录的一千问吧。

不过话又说回来，寻找人生的方向并不意味必须做完一千问。如果只是想找寻一个不错的方向度过一个更好的人生，那你只需要回答级别1中的100个问题就足够了。先回答长处与不足、想要实现的梦想以及愿景等最核心的100个问题，然后认真做好抽象思考应该就能找到一个人生方向了。

有一个清晰的人生方向很重要。比如在选择工作时，因为你知道自己做什么样的工作会很开心，所以就能提高开心度日的概率；反之，在拒绝某些工作时，也能满怀自信地解释："我不能接受这样的工作是有原因的，主要源于我过去的经历。"这样，你也能做出一个让你不留遗憾的决定。

深入了解自己才能在所处的各种环境之下，毫不犹豫地做出决策。遇到这本书的你们，也请以这种状态作为日后的努力目标，真心期待各位能够收获更高层次的喜悦和幸福。

第四章

笔记思考助你梦想成真

“语言化”让梦想成为现实

想必大家已经听说过“把梦想写到纸上就能成真”这句话吧。它有一个更灵性的说法叫作“吸引力法则”，还有一定的科学依据：将梦想写下来可以触发脑中的RAS[①]。我也不是脑科学的专家，所以就不在这里阐述这背后具体的逻辑理论了。不过我想通过我自己的亲身经历来告诉大家，这是一种有效的逻辑，原因主要有以下两点。

第一点是“心灵占有率”的问题。当你把梦想写到纸上时，就会提高它在潜意识里的印象。在你书写的同时，脑中所接收

① 网状激活系统（reticular activating system），掌控警觉性与注意力功能。——译者注

的冲击效果会超出你的想象，因此写在纸上容易为你留下更深的记忆。当然，在这之前将这种想法转变成语言很重要，如果一定想要先记下来什么内容又实在找不到可以书写的纸本时，也可以用电子笔记。但是，要想深深记在自己的脑海中，最好能形成书面文字，然后反复翻看，这样才会让信息量本来就很大的右脑更容易记住它。

当梦想的心灵占有率变高了，即脑海中思考梦想的时间变长了之后，就会萌生意识想去解决问题，开始细细思量如何才能实现梦想，并渐渐看清从现在抵达梦想之地的距离，思考为此需要如何去付诸实际的行动与努力，而且还能有意识地去解决潜在的障碍或难题。

正是得益于具体的“语言”的力量，才能像这样对梦想进行深刻的探索。若只是空有一份模糊不清的愿望，除非等到非常好的运气，否则是不大可能实现梦想的。在进行语言化的过程中，将抽象的梦想具象化，然后再抽象思考剖析，有利于对与梦想相关的各类词汇从各个层面抽丝剥茧。如此，就会收集到更多让人产生思考的语言，增加更多的思考契机、思考时间、思考梦想的心灵占有率，于是现实就会离梦想越来越近了。

你有没有想过“为什么对着流星许愿，愿望就会成真呢”？是不是因为自己的愿望真的传达到了星星的那一边呢？显然不是这样。我认为这是因为“见到流星的那一刻，真正能够脱口而出的愿望才是内心非常想要实现的梦想”。而且，因为你对这份梦想有着强烈的期盼，所以一刻也无法忘记，一直在祈祷梦想成真，念想越强烈就会越多地反映到自己的行为上。也唯有行动起来，才能将我们带往梦想的彼岸。

那么，要如何才能进入这种“一直祈祷梦想成真的状态”呢？那自然要先想办法增加自己思考梦想的频率。所以，把它写到纸上，放在日常生活中自己行动路线周围、视线所及的范围内，就能增加自己看到它的频率，这也不失为一种提高心灵占有率的小技巧。比如，写在笔记本上，或是在洗手间里用贴纸贴满墙，或者将写着梦想的纸拍下来做成手机屏保。

有人常常会说：“电子笔记这种东西，就像掉入了黑洞一样很快就会消失不见。”如果从方便查找这一点来讲，电子笔记确实非常有用，我也会时常根据不同需要而选择电子笔记，但是这种做笔记的方式还是存在一个不足，就是很难给你创造一种可以随时回顾的直观体验。

第二点就是语言有灵力。虽说有灵，但并不是要讲玄学。当然，大家都听说过“温暖的语言，会让植物更好地成长”（如果植物重要到会让人说出温暖的话语，那主人也一定会给予其充足的水分、阳光、营养补给等照料，因此这句话才会在某种程度上具备合理性），也有可能是因为语言真的具有我们无法了解的超科学力量，只是我们无法解开这种不可思议的现象而已。

在我的经历当中确实也发生过让我感到“啊，可能语言真的有灵”的事。在前面介绍第一点理由时，我曾提到要唤醒自己的潜在意识，展开来讲其实就是语言有灵，而我所说的是通过语言来改变某个人的意识，并且使它以另一种形式正面积极地回归到自己身上。

假如现在有人一心想要往演艺圈发展，那就不要藏在心里面，转换成语言直接表达："我想进入演艺圈，用音乐为大家带去感动。"于是乎，偶然的机缘之下，身边一些人在看到他/她努力的身影之后，也许会告诉他/她"我有个朋友在唱片公司，你要不要试试寄一张CD给他"之类的提议。在如今社交媒体主导的社会中，应该会有更广泛的空间进行传播，可以借由这份语言灵力带来的机遇替你传播梦想。很明显，将梦想转换为语言之后，至少比起没有形成语言文字时，更有可能获得支持和帮助。先形成语言，就可能为你带来更多的伙伴、共鸣、支持者，并引导你向正确的方向前行。

反之，也能有所收获。比如，我之所以会去早稻田大学，是因为高中时被朋友不经意的一句话触发了灵感。"裕二，我觉得你一定会去早稻田的。你有种特立独行不会随波逐流的感觉，跟这所学校很搭呢！"听到这句话时，我还从未考虑过要上大学这件事。但是，直到现在写这本书的时候，潜意识中还能清晰地回忆起这一段话。自己不经意间说出来的话，却有可能在别人的潜意识中留下这么深刻的印象，一想到语言拥有这样的灵力，我就会尽量避免说出任何消极的语言了。在余生当中，我会尽可能地多说一些积极的满怀关爱的话语，希望能为我周围的人、有缘结识的人们带去更多的幸福，同样也真心希望读者们能这样。

“想”与“认为”的区别

值得一提的是，很多时候我会有意多用“想”这个词而不是“认为”。因为“想”总是让我有种感性的情绪，所以我很喜欢……（笑），但这也并非是我独创的定义，“想”和“认为”是根据“对所思考事物有多深的想象力”来进行的区分。

“想”是对事物付出更多、更深的想象力的思考状态。从字面上就能看出，“想”字包含了“目”，也包含了“木”，这就是用“目”去看“木”这个实物，一边思考具体的视觉效果一边进行描述的状态。这才是心有所“想”。

闭上眼睛之后，还能描绘出具体的图像吗？

举个例子，假如你的愿望是“希望能交到好闺蜜”，那么重点就在于能否想象出跟闺蜜在一起的具体情形。想象他/她是什么样的，你们是如何相处的，聊得都是怎样的话题，等等。

“心有所想的语言化”需要先想象出那幅情景。大脑中只是朦朦胧胧的印象是不够的，必须要像亲眼见到的具体场景那样，想出一幅清晰可见的画面。反之，你就该扪心自问一下“这还是你非常想实现的愿望吗？”

据说孙正义先生就是一位这样的人物，他就像是坐着时光机去了10年之后，然后又返回来一样，能够活灵活现地描绘出未来的远景，简直就像身临其境一般，让听者也感觉这幅远景图仿佛清晰在目。

为什么他能做到这种程度呢？应该是对实现梦想或目标有着超乎常人的强烈欲望吧。此时，就是把“认为”提升到“想”的阶段。

凭借这份强烈的念想，借助这份念想中被具象化的语言力量，与你同行的伙伴就会越来越多，而且在恰当的时机也一定会出现命中的那个人。

我就常常想象着与自己喜爱的伙伴们一起共事的场景，对这份愿望有着非常强烈的画面感，而且梦想中所描绘的场景基本都在现实生活中实现了。到了这个阶段，自己所有有意无意的行动都在朝着愿望前进。因此，现实生活也会自然而然地往这个心中所想的方向发展下去。

因此，不要停留在混沌不清的状态，一定要将其用语言表达出来，然后形成一幅清晰的画面在脑海中留下印象。这正是实现梦想非常有效的方法。

写下你的梦想

前面给大家介绍了要把梦想用语言文字明确出来，这样才会快速增加梦想成真的可能性。接下来，就要将“你这辈子真正想要做的事情”全部列出来，一开始并不需要给别人看，所以直接把心里所想的写出来就好。

重点在于要认识到：人生之路终究会有终点，所以至少要把你在这一辈子想要去做、去挑战的事情都写下来。经常有人会说，那些爱拼命的创业家或商业人才大多都会成事的。我觉得这就是因为他们都意识到了“人生总有终点”，所以才会拼尽全力对待每一个无法取代的“当下”，将因此而生的激情毫无保留地投入到“想要做的事情”上。

愿望清单

愿望	优先级
在公司提出一份新项目的方案	A
在公司之外参加学习研讨会	B
阅读100本商业书籍	A
开始Web设计作为副业	S
短期语言留学	A
周游亚洲各国	C
报个健身房好好锻炼身体	B
没有应酬的时候自己在家做饭	C
把房间里的家具全部换新	C
送给父母一份旅游大礼	B

列出了清单之后，就要为每件想做的事情确定出优先级别，大致可以分成S级到C级四个级别。

> “S级”——无论如何都要去做的事情
>
> “A级”——非常想要做的事情
>
> “B级”——想做的事情
>
> “C级”——可以的话想尝试做一下的事情

与A级到C级的划分相比，能够划分出S级的梦想最为关键。从人生的整体规划去看，找到那个让你无论如何都不想放弃的梦想吧。

激励自己的两种方式

“想要升职”“想要加薪”“想让公司上市”“想在度假村抛开一切好好休息”“想去吃美味的烤肉吃到撑”，等等，把这些梦想都完整地列出来之后，就可以确定优先级别了。

在职场中常常会听人说，确定事情的优先级时要兼顾好“重要”和“紧急”两项原则，但梦想这种东西原本就不太可能特别紧急，正因为是一种虚无缥缈、看不到期限的东西才会被大家普遍称为“梦想”。所以考虑梦想的优先级时，最应该重视的自然就是“重要程度”了。

那么，我们又该如何确定重要程度呢？定义重要程度的前提，是搞清楚自己的动力来源是属于自上而下型，还是自下而上型。

我在第三章中曾介绍过，“自上而下型”更适合那些已经明确自己人生方向的人。比如，如果你已经想好了“要成为一个有钱人”，就会自上而下地朝着这个梦想方向走下去。顺着自己的人生方向，以实现梦想为目标，推算出每一步需要完成的任务，列出最有可能帮助你实现目标的任务清单，再依次去解决它们。这就是“自上而下”的含义。而“自下而上型”的方法简单来说就是，以“让自己心动的程度”来决定重要程度。对于这样的人，只需要找到最让他热血澎湃的事情就可以了。

“自上而下型”是根据事件与人生目标的相关程度来确定其重要程度的，而“自下而上型”则是根据心动程度来确定重要程度的。

而我呢，基本上是属于先确定目标的“自上而下型”。至于堀江贵文先生、箕轮厚介先生，我感觉应该是属于“自下而上型”。

动机来源的两种类型

类型	决定重要程度的标尺	行动风格	例子
自上而下	与人生目标的相关程度	从目标、终点进行倒推	西野亮广、前田裕二
自下而上	根据心动程度	从眼前感兴趣的事情着手	堀江贵文、箕轮厚介

要举例说明的话，假如眼前正好放着一个九连环，如果有人很自然地拿起来问“这是什么东西”，然后认真地研究起来，那他就属于“自下而上型”。然而，有的人会首先想到“解开了这个能得到什么呢？”这种没有给出明确结果就不会有任何动

力的人则属于“自上而下型”。

我们在进行自我分析时，应该会渐渐明白自己属于哪一种类型。“自上而下型”的人如果每天都过得漫无目的就会感到不够充实。反过来，“自下而上型”的人，如果一定要根据最终目标倒推出执行计划，又会觉得过于拘束而不够自由。所以最重要的是先弄清楚自己的类型，了解自己以怎样的方式生活才会快乐。

有一点需要补充的是，其实还有一类人是属于这两类的混合型。

比方说，西野亮广先生一开始是属于“自下而上型”，但是自从下决心要超越迪士尼之后，便开始从“自下而上型”逐渐向“自上而下型”转型。为了实现超越迪士尼这样宏伟的目标，倒推出自己所要做的事情，并战略性地落实到执行层面。

其实，我自己也是这样。还在UBS证券任职、刚刚开始创立SHOWROOM的时候，我完全属于“自上而下型”。从终极梦想倒推着确定出优先级，将那些对实现目标贡献度较低的事件逐一删减，比如一些不太重要的活动或是跟朋友的聚会，我都像着了魔似的一一婉拒了。因为我确定了“几年内一定要把营业额提高到某一水平”的目标，所以那些跟达成目标没有必然联系的事情通通都被剔除掉了。

不过，“类型”这种东西会随着时代与环境的变化而有所改变，我也感觉自己最近有些变化。虽然现在我的价值观基本还是属于“自上而下型”，这种天性让我在朝着目标前进时感受到莫大的快乐。可是，因为我周围好友中“自下而上型”的人逐渐多了起来，多少会有些影响到我。

对那些令人着迷、开心的事情我也会下意识地行动起来，正如堀江贵文先生在《多动力》一书中写的那种“根据开心程度来执行”的人生哲学。在这之前，我一直都是根据事件对达成目标的贡献度来判断优先级的，从来不会去管开心不开心，而现在这样的判断标准也渐渐有了变化。

为什么我会在潜移默化中受到“自下而上型”的影响呢？这是因为社会也在变化，“自下而上型”的做法能够引发更多的共鸣，聚集更多的朋友，让梦想成真这件事开始变得更加容易。跟金钱相比，更加重视内心、共鸣这种人的内在价值的价值经济开始有了崛起的迹象，如果一味地为了实现目标而倒推任务，会少了很多人情味，很难吸引到更多有共鸣的伙伴。我非常了解一个人孤军奋战的无力感，所以为了召集到更多的伙伴，我才会带着激动的心情朝着自己的人生方向前进。

所以，请先了解自己努力的动机是属于哪一种类型。然后以这种类型为案例参考，再来考虑如何设计你的人生，但是也没有必要将自己框死在某一种类型中。

尤其在这样一个任何人都无法预测5年后、10年后情形的新时代，原本属于“自上而下型”的这类人，现在大概也需要战略性地关注眼前的事物和情感体验。

“自上而下型”和“自下而上型”，倒推与随心。同时把握这两类特质，也许就掌握了梦想成真的秘诀。

行动方针具体化

那么，大家根据自身的价值判断确定出了优先级别后，紧接着就该围绕S级别的梦想清单，以具体的行动来为梦想保驾护航了。细化必要的元素，写下自己当下需要具体执行的内容，再针对每个细项确定出日程规划，脚踏实地地执行下去就能一步步让梦想成真。

经历了这个过程，梦想就不会朦胧不清，这样你只能去面对而无法逃避。在实现梦想这件事上你再也没有任何逃脱的借口，因为你会发现自己不再是“明明已经很努力了却还是没能实现梦想”，而是“因为没有把要做的事情明确出来所以没能实现梦想”。这一点不容轻视。

可能有人觉得这一步操作起来很难，因为写到现在，大多数内容似乎更适合那些“自上而下型”的人，他们都擅于首先确定目标，然后再以倒推的思路去考虑实现方法。反过来，不太适应提前确定目标的人，自然会感觉受到拘束而非常痛苦，如果你是这样的人，“自下而上型”的生活方式会更适合你。可以先关注眼前能让你感到开心的事情，让自己沉浸其中、积极投入，最终也会收获成果。能明白这一点也是一种价值。所以，请先试着写下你的梦想清单吧。

此外，在对实现梦想的举措进行细分时，想一想“有没有哪些人已经实现了跟你相似的梦想”“有没有人已经达到了你想要的那种水平”，这会对你非常有帮助，请务必思考一下。如果想到了目标对象，就去把他“成功之前所做过的事情”全部列出来，从中选出自己可以借鉴的事情加以实践就可以了。

在梳理他人的成功经验时，可能有读者会问，如果我还是没有发现自己想做的事情该怎么办呢？即便这样，“整理梦想清单”也是有意义的，重点在于可以使你意识到“都思考到了这一步自己仍然找不到真心想要做的事情”。此时，可能是因为你还没有遇到自己真正想要做的事情，那就可以考虑新的办法，去看更大的世界，接触更多的事件丰富体验，和更多的人见面交流。

也许还会有读者觉得给梦想确定优先级很难。一下子就要想清楚“对自己而言什么才属于S级别的梦想”确实不太容易，但也不用担心，有意识去思考就是一个好的开始。如果一开始不能确定S级别的梦想，只要意识到自己还没有找到，大脑就会开始想着快快找到S级别的梦想。于是乎，跟完全没有概念时相比，此时大家要找到这个“最重要的”梦想，概率就已经明显提高了。

那么，如果出现好几个S级别的梦想时，又该怎么办呢？

有两个办法。

一个是“合并（整合为一）”，就是想办法将几个梦想合而为一。有时看似不同的目标，却很有可能可以作为同一个梦想来奋斗。例如，“想拥有超过一亿日元的资产”和“想要帮助残疾人就业”这两个梦想，看似毫无关联，但如果开创一份协助残疾人就业的事业并努力实现盈利的话，将个人的资产增长和助残事业结合到一起就可以了。如此细想之下，其实有很多梦想都可以实现整合。人生若是能够尽力实现更多（S级别）梦想那肯定很好，所以就要多多探索一下梦想合并的可能性。

另一个办法就是“做抉择”。比如现在河中出现了一位手持金斧和银斧的神灵，然后告诉你“只能选一个”，你会选择哪一个呢？又或者现在你马上就要从悬崖上掉下去，而你的两只手里还各自抓着梦想A和梦想B，如果必须扔掉其中一个，你会选择扔掉哪一个，守住哪一个呢？这就是为了梦想成真必须要做出的抉择。

设计目标的有效标尺“SMART”

在此还想补充一句，梦想也可分为容易实现的和不容易实现的两类。在设定目标梦想时，有一个很重要的自查标准，那就是公认的“SMART”原则。掌握了这项原则，你就会找到具有更高“实现可能性”的目标。

我将为大家逐一进行解说。

首先“S”是“Specific”，即“具体的”之意。前面已经强调过很多次具体的重要性，此处就暂且略过。

第二个“M”是“Measurable”，即“可以测量”之意。当目标可以被定量时，行动方针也更容易落到实处，进而有效提高梦想成真的概率。因此，这一点也会利于第一个“S”的设置。

第三个是“Achievable”，即“可能实现的”之意。

如果有位部下制定出一个无法实现的目标，领导应该会很头疼吧。“明年要让营业收入实现100倍的增长”这种目标虽然让人赞赏也愿意接受，但却绝对难以实现。若是改为“1.5倍”，也许还有可能实现。不过现在既然是在确定梦想的内容，也就不用太在意实现的可行性。不如先忽略是否能够实现这件事，因为目的是要找出真心渴望的梦想是什么，所以先跳过“A”的部分也没关系。

第四个“R”是“Related”，即“具有相关性”之意。

在工作上，目标需要与自己所属的部门或团队所存在的待解决问题有相关性。在私生活方面，就需要考察是否与自己的人生追求或价值观方向有所关联。如果实现的梦想跟自己的幸福方向完全没有关系，那自然没有办法变得幸福。不过各位一开始就是从能否让自己心动开始罗列梦想清单的，那么肯定一开始就对这一点进行了筛选。那就不用刻意在此环节考虑“R”的部分了。

第五个“T”是“Time”，即“有时间限制”之意，这一点最为重要。就好比说“要将营业额扩大至1.5倍”，这看似是件有可能实现的目标，但若等到100年之后才实现，那就没有意义了。只有明确出了“一年之后”的限制，才有视为目标的意义。

不少人应该有听说过“为梦想确定时限”这个成功法则吧。GMO[①]的熊谷正寿先生曾在笔记本上写下了“35岁的时候上市”这句话，据说每天都会看着它来提高自己的士气。而且事实上，他真的就在35岁零一个月的时候做到了上市。虽然不排除也有其他因素存在，但能在一开始就给自己设下时间限制，应该为其带来了不可估量的助力。

因此，SMART这项设置目标的工具在运用到“确立梦想”

① GMO：日本IT巨头。——译者注

这件事时最关键的部分就是“S”“M”和“T”。认真确定出具体的内容、让其可以被测量并规定好时限，梦想成真的概率就会大幅度提高。

在这个世界上，确实存在着天才般的人物。痴迷于自己喜欢的事物，不经意之间就已经走到别人无法企及的高度。大概即使不用这套方法论，这些人也能实现自己的梦想。

然而，更多的人却并不属于天才，但也没必要为此消沉。正因为知道自己不是天才，才能凭借天才不会使用的方法论来达到与天才同样的成果。讲到这里难道你还不会心动吗?

讲故事的三大重点

接下来，设定出一个更容易实现的梦想之后，就要考虑如何将它更好地传达给身边的人了。将自己的人生方向与所追求的梦想语言化，通过讲故事的方式说出来，就会慢慢遇到认可、支持你的梦想后援团。后援团队的人数越多，梦想成真的概率就越高。因此在这一章节，我将为大家介绍如何有技巧地讲故事、如何提高演讲的效果。

我在讲故事时主要会注意三大重点。

一是将内容尽可能讲得“具体”一些。把固有的名词和对话结合到一起，讲出来的东西要让对方感觉画面就在眼前一样，因为具体的信息才更容易给人留下印象。

二是不要恐惧“讲话中的停顿时刻”，而要懂得去利用它。停顿是很重要的，小泉进次郎[①]先生、前美国总统奥巴马先生和Japanet TAKATA的高田明先生都是杰出的演讲家，在他们身上有一个共同之处，就是能够很好地把握住演讲过程中的停顿。在即将传达出重要信息之前，他们会根据现场的反应以提问的方式停顿5秒到10秒，让人误以为“是不是忘了接下来要说什么”。这样就能有效地激发听众的思考，或是成功引起对方的注意。

① 小泉进次郎：1981年4月14日出生，日本政治家，众议院议员，现任日本环境大臣。——编者注

第三点其实与“停顿”有着相同之处，就是不要单方面地演讲，而是尽量保持双方互动的方式去讲述。说到互动，如果面前有很多人，其实很难做到一对一去互动，此时就要用心去设计互动。比如抛出了“你们知道……吗？”的问题后，留出一些时间。此时，听众就会有时间去思考“诶？不知道啊”或是“这个我知道啊”。虽然是间接性的，但也是一种你问我答的互动形式。演讲时保持一种双向的互动就会在听众与演讲者之间建立一种情感纽带。

事先提示所讲内容的“落脚点”

另一个在讲述具体事件时希望大家留意的，是提前指出来“我想要传达什么内容”。

听众很多时候会在演讲开始之前猜测“这次会说些什么”“会从哪里开始讲起”“会聊到什么程度”……而作为演讲者最好不要让听众从一开始就心里没底。让对方了解你的观点和具体想要讲的内容，就会大幅度地降低听众的心理压力。

小泉进次郎先生曾经讲过这样一段话：

“我深深地感觉到，这个时代所需要的领导人形象已经发生了巨大的变化。在现代社会，人们好像不再需要坂本龙马①这样的领导，而是开始呼唤吉田松阴②那样的领导人。

在黑船抵达日本之时，坂本龙马和吉田松阴这两名领导人的态度迥异。坂本龙马认为：‘黑船对日本是种威胁，一定要跟他们战斗到底，大家一起来想办法打倒黑船！’这段话让大家兴奋不已，没有多想就直接选择了正面迎战。这就是正面攻击法。

而另一方，吉田松阴又做了什么呢？尽管他明知自己的做法如果让政府知道了肯定会被斩首的，但他甘愿冒着风险坐上小船靠近了黑船，然后登上了敌人的船准备前往美国把对方国家的文明彻底吸收。这样的做法可谓是灵活柔软至极。

① 坂本龙马：日本明治维新时代的维新志士，倒幕维新运动活动家、思想家。——译者注
② 吉田松阴：阳明学派思想家，日本江户时代（又称德川时代）末期政治家、思想家、教育家、改革家。明治维新的精神领袖及理论奠基者。——译者注

现在的社会需要的不再是‘用力量去对抗力量的领导’，而是需要‘避开力量的同时，还能将其力量收为己用的领导’，即以柔克刚，能够利用柔软的吸收能力去超越对手的领导。

如果敌国拥有了武力，我们并不需要也具有与之抗衡的武力，而要冷静分析从对方身上可以吸收哪些东西，自己又具备了哪些敌人没有的优势。了解了这些作为前提再去考虑自己的对策，然后果断执行策略。这才是我觉得大家现在所需要的领导人的样子。”

话音一落，就听到掌声哗哗地响起一片。也许是因为一开始就说明了演讲的观点和内容概要：“日本人所寻求的领导人形象正在改变。”“我会以日本曾经有过的两种完全不同类型的领导人为例进行说明。”所以即使话说得有些长，听众也能安心听到最后。

因此，大家在进行演讲时，最好也能在一开始概括一下这段发言的主题，诸如“今天我想要讲的内容主要是……”（当然也有一开始并不表明观点，特意吊足听众胃口，最后再点明观点、为听众带来更多感动的高级技巧，不过首先还是先尝试一下开门见山的做法吧。）

跟“自己”预约行程

在实现梦想的路上，预留出时间去处理“不紧急但却很重要的事情”非常有必要。很多人天天都被“紧急”的事情追着跑，却总是省不出时间来为梦想做准备。

曾经我也为了实现梦想做过这样的努力，但是不是什么新奇的方法，就是明确列清了自己可以预支的时间表。只要没什么紧要之事，我就会尽量兑现跟自己的约定，处理“虽然并不紧急但却很重要的事情”。有时就算跟别人有了安排，在时间允许的情况下，我也会优先满足跟自己的约定。

周末和睡前的时间也是这样。为了实现梦想而预留出固定的时间来兑现与自己的约定，这非常重要。

拿我来说，工作日的白天里有18个小时都被工作计划排得满满的，因此晚上我就不会再给自己做额外的计划，而是在睡前的一个小时断掉所有跟外界的联系，全部利用起来作为“跟自己预约的”时间来度过。通常在这一个小时里，我会读读书，或者将一天下来的发现进行笔记思考后记到笔记本上，作为一种自省，虽然不算紧急之事但却视为每天必须做的一项重要任务来对待。在成长的道路上，我很清楚没有比习惯更强大的武器了。

用“人生轨迹图”横向把握人生

在此我会介绍一种比较简化的自我分析工具，帮助你换一个角度审视自己的人生，并从中找到新的发现，这种工具就是“人生轨迹图”。

“人生轨迹图”是用横轴来表示自己的年龄，纵轴表示感情的正负指标，用时间线来体现人生幸福感的起伏变化。

出生时的感情用“0”来表示，情绪高昂时为正，消极时为负，然后请回顾一下自己的过去并试着画出来。

这个图表最好用的地方在于，对自己的人生从横向进行评估，而不是以纵向的眼光去审视。从单一角度去自我分析，思路很容易变得过于狭小，比如“我大学的时候，努力做过什么吗？”这就要针对人生中的“某一个点”进行深究。前面我已经说明过了深究一定会有其价值存在，但要想更好地了解自己的本质，就需要退后一步，从整体趋势上去观察分析。

借由这项工具有些人也许会发现，自己小时候特别喜欢做手工，所以那时每天都过得特别快乐，可是就业之后才发现自己正做着毫无激情的会计工作。这些事情不经过整体分析，往往不太容易察觉到。

所以，我们不仅要纵向去看自己的人生，还要横向去看它，尽可能地从整体去把握它。这么做也许就会发现自己的价值观，了解自己觉得怎样才是幸福。在自我分析时，“纵向上深入分析自己的经历与价值观”，同时“在横向上把握整体的变化趋势”，用纵向与横向相结合的立体视角看待自己，也是一种极为有效的自我提升的方法。

为人生各阶段标记关键词

在制作人生轨迹图时，也请为你的人生划分出几个阶段吧。像是“天天都在学习的日子”“专注于工作的日子”“尽情玩乐的日子”等，试着将人生进行分段。

重要的是，尽可能地细分一下“初中之前的时期”。这是因为那段时间往往已经潜藏了人性的本质特点，这些特点即便在你长大之后都很难改变。幼年期，5—6岁时发生过的令人感动、激动的事件很有可能也会影响到你后期的个性。当然有些人是到最近才遇到了人生巨大的转折点或某方面的最初体验，但更多的时候，这些根深蒂固的影响都是发生于幼年时期。所以请从幼年时期开始，好好回顾一下“自己在什么样的情况下会感受到快乐和幸福”。

熟练之后，就在每个阶段标上属于自己的关键词吧。

“考试合格”只是单纯的事实，命名时最好使用感性的要素去体现当时的情感变化（为什么会有情感变化）。从情绪的角度去考虑“为什么当时这条曲线是往上走的”。比如“考试合格”的话，就可以标为“当努力有了回报”。接下来就能想到更多的关键词，诸如“自己是谁”“在什么时候愿意去努力”“什么时候会感到喜悦”，等等。

再比如，在考试之前通常人生轨迹图会呈现上升的趋势。冷静去想就会发现，“如果一个人看见一座山就想要登上山顶，认为站在山顶俯瞰周围的景色是最幸福的，那他看完之后就又会觉得没意思了”。因此，“一直站在山顶上俯瞰风景的人生”也不见得会多么令人喜悦。

又或者，刚进入公司的员工，情绪轨迹还处于很高的位置，但若是一些已经成为公司中层的员工，这个轨迹则可能会处于下落的阶段。为了某个目标付出努力、完成任务后本应该感到幸福才对，然而他们在公司做着一成不变的业务，所以才会有幸福感下降的体会吧。不过既然身在大企业里，业务稳定、缺乏挑战是常有的，而对于一个满带“挑战”欲、追求轰轰烈烈人生的我来说，这样待下去是不会幸福的。如有这样的感受，那就以人生轨迹图为契机考虑一下换工作也许会比较好。因为此刻你正踌躇满志，正是迎接挑战的好时机。

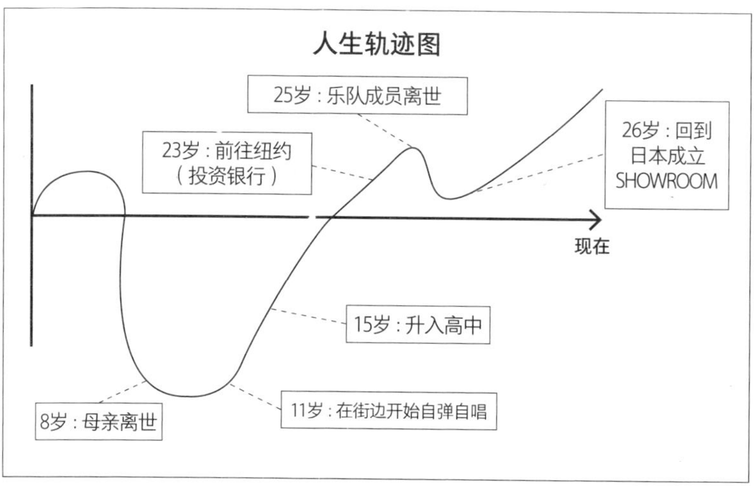

从“转折点”中发现幸福源泉

在这张人生轨迹图上最需要留意的就是“转折点”。

为何这里会上升？为何那里会下落？如果能从中发现自己感情起伏的原因，或许就能发现自己“生存的意义”或者说“幸福的来源”。

为什么在此处会有情感的变化？也可以通过“Why型”思考方式来深度剖析原因，这会让你更容易进行抽象思考。如果你想现在试着画一下，我会简单介绍一下人生轨迹图的制作方法。

① 在横轴上设置好年龄，纵轴越靠上就代表情感越高涨；

② 将出生时的状态视为“0”，画出到现在的感情变化线；

③ 将人生分成几个阶段；

④ 在每个阶段写出发生过的重要事件；

⑤ 提炼出相应的关键词，使自己的故事更具吸引力。

每个人都有“故事”

完成人生轨迹图之后，就可以找出其中一段能够讲给别人听的属于自己的故事，重新审视“这个时期我的内心发生了怎样的变化”，然后将这背后所隐藏的情感，用语言表达出来，就会成为一个非常有感染力的故事。

人生如戏，所有人无一例外都有自己的故事。每个人都会有一段人生是别人想要了解的，他们听了之后可能还会凑近你问“什么？真的假的？”饶有兴趣地还想继续听下去。我衷心希望大家能够找到这样的故事，它一定就长眠于你内心中的某个角落，待你找到之后一定要分享给身边的人听。

在这个网络信息横飞的时代，拥有一些可以被传播的故事就是一件非常强大的武器。

我在跟大家介绍SHOWROOM时，如果只是很浅显地介绍“这是一个任何人都可以进行直播、赠送礼物的服务平台……”恐怕大家只会听听就算了，根本不会记在心上。但如果这样改变一下说辞：“其实我在小学时就曾在街上自弹自唱过，还真有人会掏出钱放进我的吉他箱子里，后来我将这种‘自弹自唱挣钱’的原始体验与互联网技术结合，SHOWROOM就这样诞生了。”像这样结合着故事情节讲出来，就更容易让对方产生兴趣。

“什么？你在小学的时候就开始自弹自唱了吗？”这样话题就会进行下去，而且这个故事可能一传十十传百，今后还会传到更多人耳朵里。

通过人生轨迹图了解自己之后，你就会找到那个被称为幸福之源的“人生指南针”，再将它进一步语言化表达出来，升华成一段动人的故事讲给别人听。锻炼了笔记思考之后，讲故事的能力也会提升，此时的你简直就是如虎添翼。

要想梦想成真，一定少不了别人的帮助。帮助你的人多了，梦想成真的可能性自然会比一个人孤身奋战时更高，而且也因为有了更多人的参与，反而让你有了一种“不得不做”的压力。所以请一定要好好讲出你的故事，让周围的人与你一起去实现你的梦想吧！

第五章

笔记思考是一种生活方式

笔记思考的核心在于“态度”而非“知识经验”

到这里，我们已经介绍了四个章节的内容：①笔记思考的价值与具体方法；②笔记思考核心之“抽象思考”的方法；③如何运用笔记思考技巧进行自我分析；④如何将自我分析时发现的梦想完美实现。能够坚持读到这里，也许有人会认为“确实讲得很有道理，但我仍然有些地方不太明白……”其实完全没关系，在做笔记时最重要的是单纯地“先写下来再说”。本书在开篇也提到过，笔记思考是一种“态度”而不是“专业知识经验”，所以首先请做到：①营造一个利于笔记思考的环境（准备好喜欢的笔记本和笔）；②尽可能地笔记思考。

成败的关键就在于写还是不写，而且这并不是技术性的问题，而是关于“人生态度”的问题，即你对自己的人生投入了多少真心。

有一次，堀江贵文先生把自己手机上某个笔记APP中写好的记录拿给我看。里面竟然写了相当多的商业想法，而且一项项都有标记，但那些记录中也看不到笔记思考的规律或原则，只不过像“A×B”那样，单纯把各种经过组合的商业点子进行了罗列。

身在职场的人也许会认为“商业想法这种东西不是一想就能想得出的”，所以，一开始并没有必要逼着自己去笔记思考。当我再次去看堀江贵文先生的笔记时，发现其中写有一句“泪光闪闪-3”。大概是在卡拉OK唱这首歌时最适合自己的音阶之意吧。所以就算是这类事情也可以写下来，如果脑中有空间记住这种小事的话，人们就会产生一种贪念，觉得这些空间应该用来记些更有意思的事情，或是用来想点有创意的东西才对。其实，眼下我们无法去判断哪些想法会对未来发生的事情有所帮助，所以我们要尽可能地去记下更多的点子，储存起来。这种“不满足”的态度足以帮助你去吸收更多有价值的信息、进行笔记思考以及考虑日后的运用。

笔记思考能减少“创造中的机会损失”

我曾经听到过一些言论，说“不练习笔记思考，也没什么大不了的，也没必要去硬做”，或者“去报一个笔记思考学习班比较好”。

对此我现在仍然持怀疑态度。

对于主要用右脑去工作的人，由于右脑只负责创造性的内容，所以反而忘掉所有信息，才有可能更好地呈现出自己感性的部分。这也就是说：“自己记忆中的事物只是一种需要表达的目标概念，而通过笔记思考学习班将其进行过滤之后，才有可能升华你的表达效果。”

可是，如果工作中需要同时使用左右脑，来持续解决问题并进行知识创造的话，就离不开笔记思考这种深具魔力的工具了。

在生活当中的各个角落其实都存在着关乎创意的信息源，然而正如前面提及的，“哪些信息会对未来有帮助”这样的问题只有到了未来才能做出判断，在今天这个时间点上也无法回答“明天什么事情会成为重要的信息”这类问题。

例如，偶然间在街上看到的某个场景、同事无意之间说出的一句话、跟客户闲聊过的天等，也许要等到一年之后才会明白这里面藏有哪些非常重要的信息，这在当下是无法揭晓答案的。

如果不去笔记思考，只是全凭大脑去记忆，一段时间之后很可能就想不起来了，曾经的具体信息也就无法萌生出新的想法，即使还能想起，也会为了“记住它”而占用自己的脑容量，反而付出了相应的机会成本。

笔记思考是一种可以减少“创造性机会成本”的工具。灵活运用这一工具的诀窍就在于，让自己时刻保持对信息的灵敏嗅觉，尽情去接收各种信息并将其充分吸收。也就是说，保持“持续笔记思考的状态”非常重要。

尽早将笔记思考变成“习惯”

那么，怎样才能一直坚持笔记思考呢?

笔记思考这个东西并不会立刻看到成效，循序渐进才会积攒成一笔巨大的财富，所以有些人过了三分钟热度就坚持不下去了。

那么，像我这样再普通不过的人，为什么可以做到如此疯狂地记下这么多的笔记呢？因为对我来说，做笔记这件事已经成为一种笔记思考的习惯，而非需要“努力”的事。

大家应该都见过，从早到晚一直念经的和尚，每天好几个小时拿着球棒凭空练习击球的棒球手，还有每天跑步五六个小时的马拉松选手。这些人看起来都非常努力精进，但是一旦他们“养成习惯之后”，这些就不再是特别难的事情了。只要养成习惯，反而“不做会心有不安”。为此，刚开始的时候就要付出多倍的努力。

你在“刷牙”时需要非常努力吗？应该没有人会这样觉得

吧。早上起来一走到洗脸台就会下意识地动起手来，等到完全清醒才发现自己已经开始在刷牙了。做笔记对我来说就跟刷牙一样。不对，应该说做笔记的时候，就跟呼气吸气一样，再自然不过了。

例如，“为什么那个广告牌是红底白字呢？”“这个广告为什么会选择这样的表现方式呢？”很多人都不太注意的事情我却总会事无巨细地写下来。一天结束之后，发现手机上留下的笔记多到不知道要往下滑多少次才能看完。看到这里有人会说“真的是相当努力啊”，可我并没有努力在做这件事，而是不经意间就进入了笔记思考状态。能到达这种“习惯状态”，就很成功了。

养成笔记思考习惯的秘诀

要想从“努力”变成“习惯”，首先可以挑选一个能让你开心兴奋的笔记本。这也许仅仅是一个细节，但收集一些会令自己喜欢上笔记思考的美好文具，是一个非常利于保持动力的方法。我个人就特别喜欢MOLESKINE的硬面笔记本，十年以来我都一直随身带着一本。刚刚踏入社会时，有人就向我建议："买一个让你心动的文具吧，没有比这性价比更高的投资了。"于是在那之后，我就一直用着它。

而且，为了不让做笔记这件事成为自己的负担，你要保持一种轻松的心态去写，告诉自己"写错了也没关系"。我一般会用圆珠笔来写，如果你担心圆珠笔会写错的话，也可以使用铅笔。而且，不必去约束自己记笔记的方式，就算手边没有笔记本也可以用纸巾或者广告单的背面来写。先随意地把信息记下来，就算写错也没什么，认可自己的方法并且写出来才是最为重要的。

除此之外还有一个略微抽象的重要技巧，就是积攒一些成功的体验，哪怕是非常细小的成就。表扬一下自己做笔记的方法，惊叹一下"居然写出了这么多啊！"或者把自己写的东西拿给别人看看，总之什么样的方式都可以。这些小小的成功体验会帮助你继续努力下去，最终形成习惯。

一位著名制作人的女儿有一个成为编剧的梦想，平时她会将自己看过的电影、电视剧在笔记本上写出自己的感想，跟着父亲与同事进行聚餐时也会带着自己的笔记本哗啦啦地翻看个不停。

有次正好有位著名的编剧也在场，因为感到好奇就凑近看了看，问她：“这是什么？”她说：“因为我想成为编剧，所以我把看过的电影、电视剧的感想都写了下来。”编剧赞叹道：“你好优秀啊！”

对于女孩来说，这就是非常开心的成功体验吧，日后应该也会为她带来更大的动力。

像这样为了习惯的养成，一定要客观地去看待那些让自己感到快乐的点，然后不断给自己设置小小的成功体验，再细小的事都可以。每个人的点不太一样，所以只能由自己去把握。为了让自己可以保持良好的心态行动起来，就要考虑如何去设计这种令人开心的刺激因素。

大概很多人对我的了解都是“笔记狂魔”吧，因为不论去到哪里，我都是一副无论好坏，都急着要把它记下来的状态。前几天也是，在与某公司的社长一同进餐时，他突然说："咦，你怎么没做笔记了？就保持你一直的状态没关系的。"发展到这种程度就算被人讨厌我也会永远坚持下去的（笑）。说得好听一些，就是我已经成了"习惯的奴隶"。

笔记跟咒语挺相似的，不用想得太过复杂，其实就是一种单一的行动模式，按照固定的节奏每天坚持去做的话，就会很自然地渗透到自己的意识当中。于是，你会渐渐自信起来。总之就像默念咒语那样，先尽情地写笔记吧，通过模式化的行动在潜移默化中收获笔记思考的习惯，就不用再去有意识地想着要做笔记这件事，结果自然水到渠成。这股力量绝对不容小觑。

淋浴时会浮现灵感的原因

养成了笔记思考的习惯之后，接下来就要把知识创造型笔记最初的目的，即"创造新的想法"也变成习惯。在第二章时我就说了要将笔记思考变成习惯，这里还有一个更重要、更根本的思考方法，那就是注意大脑中输入与输出的比率。

在考虑新的想法时，乍一看输入①好像更重要。如果要你考虑新的业务，你可能首先就会去收集世界上各种成功的初创商业模式或信息。当然这么做并没什么问题，不过从获得新想法的角度来讲，有的时候，反而保持一定的距离、让自己处在没有任何信息输入的“0输入环境”时，会更容易产生想法。

也就是说，当大脑中输入与输出的比率更倾向于输出时，更容易产生新的想法。这是怎么回事呢？举个例子，想象一下你要洗澡的时候，放下手机走进浴室，大脑100%只能输出一些东西。因为在浴室里基本没什么可以输入的信息，此时大脑就会自然地想要想点什么，让脑子活跃起来。

经常有人说在淋浴的时候或是睡觉之前更容易想到些什么，这正是“大脑中的这项比率被迫地更接近于输出的一方所引起的”。而在接受信息输入时，因为会消耗掉一定的意识或注

① 接收信息。——译者注

意力，所以才难以集中于输出这件事。

你的“人生胜算”有几成？

你现在做什么事情会最开心？

你现在是为了什么目标而活着？

被问到这些与人生的根本动机相关的问题时，能够瞬间作答的人，我在2017年出版的拙著中将其形容为拥有“人生的胜算”，这也正是那本书的书名。

大家一定会有正在学习的技能、正在从事的工作或是无意识地每天都在做的事情，并且为此努力希望有所收获。这样的行为本身就值得人尊敬，我也从心底想要支持这样的人。

可是，我不知道现在所做的事情是否会让你真正感到幸福。说不定，这些只是从短期来看提高了你“考试的胜算”“事业的胜算”，但它并不一定能提高你“人生的胜算”。如果还不确定“事业上的成功就是自己的幸福”，就把自己整个的人生赌在了事业上，那是极为危险的事。

请各位通过做笔记，并使用笔记思考这个强大的工具去正确地分析自己，希望这样能让大家找到自己真正的人生胜算。

比如，在观看世界杯足球赛时，你因为内心激动而无法专注地工作。请不要忽视这样的自己，不要忽视这个正在萌芽的宝贵意识。好好利用这本书里所介绍的方法，认真地思考一下，也许你会发现“自己想要从事实况转播相关的工作”，或者发现“也许从事管理足球队的工作会更开心”。

人生真是妙不可言，真的会有无限可能，所以一定不会局限于大家现在已知的部分。在无限的选项中，希望大家去想一想，对自己而言最能让人生感到幸福的事情究竟是什么?

真的是因为“找不到想要做的”吗?

在对自己的人生核心（人生方向）进行了一番思考之后，发现结果竟是无法告人的不太好的事情，令人失望不已。此时应该怎么做才好呢?

首先我想要告诉大家的是:“没有必要告诉任何人。”人与人之间价值观不尽相同，各种各样的都会有，在这之中一定会有难以启齿的价值观存在。如果到了必须说出的时候，也可以利用这本书教给你的方法，用一种抽象的表达方式讲出来。所以就以不会告诉任何人为前提，把自己想要做的事情通通都列出来，想要受到年轻人的青睐、想要成为亿万富翁、想要社会名声、想坐高级车……真的，无论什么都可以写出来。

虽然这些都是看似不纯的动机，我却觉得其中蕴含的欲望非常贴近人性。如果没有欲望，人就不再是人了。而且，欲望这种东西是分阶段的，先把这个阶段的欲望都实现后，再转移到更高层次的欲望上就好了。

找到那个让你野心满满的奋斗目标，做出点成果。实现它之后，再去寻找别的目标。所以，请先放低姿态直视自己内心的欲望吧。

你会被什么东西唤醒呢？

人生方向是会因人而异的。有些人跟好朋友一起吃着好吃的东西，讨论着未来和梦想的话题时，会觉得最开心。对这种人来说，吃东西和聊天的时间就是让自己的人生实现最大幸福可能的胜算了。能看清这一点已经很了不起了。

人生其实就是所有事件的累加。

仔细去看一下自己的行程表上的安排，比如“早起→洗脸→刷牙→看十分钟电视→稍微小跑一下→换衣服……”，这些非常细小的事件也存在相互的关联。这些事情一定都是根据某种标准衔接起来的，而这一标准必须跟自己的人生方向相关或者成为其支撑才行。比如给你十分钟的时间，你会用来查看Twitter、Instagram，还是会用来跟朋友通电话、读书、玩电脑或者发呆呢？这些决定其实都离不开自身的价值观，也就是说，你人生的指南针在帮你做着决定。

人生就是“使用时间”的结果，因此从“如何使用时间”

这件事出发，就应该做出相应的选择，让它助你达成人生的胜算才对。一切都跟你现在正在做出怎样的选择有关，如果可以通过自我分析找到人生方向，并以此来判断每一个选择，那将会为你带来无限可贵的力量。

你是否已经准备好成为“思考狂魔”了呢？

通过坚持不懈地做笔记，我已经攒下了数不清的知识经验，可以让我的人生变得更好，更有能力生存下去，而且我也打算一直不断地积攒下去。这本书传达给大家的内容只是很小的一部分，其实还有更多的东西想要分享给大家，只不过这会需要相当多的时间才能将我笔记思考得出的发现、可运用借鉴的学习方法转述出来，而且可能没完没了。我想与其这样，还不如考虑一下“自己为什么可以积攒这么多的知识经验”，也许这才是更加接近本质的部分。所以在为这本书结尾之前，我试着停下笔冷静而客观地观察自己，然后，脑海中浮现出了一个再简单不过的答案。

那就是“热量”。

正如咕嘟咕嘟沸腾着快要爆炸的岩浆的热量。在内心深处保有这样的热量，不仅可以吸收知识经验，还能自行创造。单纯读完了知识类的书籍还不够，还要进行笔记思考将知识变成自己的东西，从而实现再创造，究其根源就在于具有巨大的热量。就像“一定要通过这项考试”“要拿到满分”“要做这种工作”“要用这份策划实现创业”一样，是一种由内向外喷发出的不可阻挡的强烈愿望。因此，做笔记最重要的并不是表面的技巧，而是从根本上理解“为什么要做”“为了什么而做”。

自己心灵深处的愿望是什么？深入了解自己之后，就不会漫不经心地度过每一天，而是用心将生活中微不足道的东西变成想法和创意，为了实现梦想而活着；就不再是被动地生活，而是一边享受一边积极主动地活着。用这种态度去面对人生肯定会让你快乐无边。

每一天我都在进行着大量的笔记思考，到今天也积攒了多到吸收不完的新发现。我也可以通过Twitter、在线沙龙等媒体渠道将这些收获分享给大家，可是，只是对我的收获吸收与复制的话，总有一天会走到极限的。一旦某一天需要你自己的原创性，或是需要长期的持续创作时，你所拥有的热量将成为一决胜负的关键。这份热量带来的光亮可以照亮所有的通道。

热量是可以通过语言来传递的。语言成为媒介后就能输送出热量，人们也会根据这份热量采取行动。事实上，我因为太过热衷于笔记思考这件事，所以身边很多重要的朋友受我影响渐渐也开始记起了笔记。除了身边的朋友之外，不知何时起甚至有人组建了前田式笔记术的工作小组，前些日子在一档节目中，有位嘉宾一直在做笔记，于是我就问了一句“疯狂地记笔记是不是感觉最棒了？”结果对方竟然说“我就是在向前田先生学习啊！”

其实我被说成是“思考狂魔”时都不会有如此的惊讶或是惊喜，最令我开心的是，当我的这股热量传给了我身边的人，他们也感受到了笔记思考的魔力。亲眼看到这些人也被称为“思考狂魔”，我是由衷地感到开心，因为我相信这些人的人生一定会发生变化。所以，我也希望今后能将这股热量继续传递下去。

读到这里，各位是否已经拥有想要勇敢度过明天的“热能”了呢？是否已经拥有“笔”和“笔记本”了呢？看完这本书之后，你是否已经做好成为“思考狂魔”的心理准备了呢？

衷心希望诞生更多的“思考狂魔”，掌握笔记思考的魔法。

真心期盼借助笔记思考的力量，能有更多人拥有更好更幸福的人生。

真诚祝福这个世界上幸福越来越多。

最后，祝福这个世上所有与我对话的“你”，祝愿笔记思考能将真正的幸福带去你身边。

去实现最棒的“笔记思考”的人生吧！

终章

学会笔记思考，从此改变你的人生和世界

现在回想起来，我应该是从小就特别喜欢在笔记本上整理自己的想法。

我对笔记思考的最初体验是在小学时代。我8岁时就因为失去了双亲，与大我10岁的哥哥两人相依为命，当时只有18岁的哥哥为了抚养我，放弃了原本想要成为医生的梦想，立刻开始工作。可是母亲的离世给我造成了巨大的伤痛，所以一直到小学最后一年，我都会因为极小的事情给哥哥制造很多麻烦，也并没有认真地学习过。就在小学五年级期末时，还发生了一件让哥哥特别伤心的事情。在那之后，我才拼命想着“要让哥哥开心起来”，这个愿望也成为我活下去的动力。对此，我所能想到的让他开心的行动就是“学习”，以及“在笔记本上将想法整理出来给他看”。

能让哥哥和老师开心就是最让我感到开心的事，所以我总爱把自己写了很多字的笔记本打开来给他们看。课堂上想到的东西我也会记录到笔记本上，之后还会用贴纸弄得漂漂亮亮的，用颜色进行区分。每次给他们展示笔记本时，都能看到他们真心的笑颜和毫无掩饰的喜悦之情。到了小学六年级时，班主任吉野老师更是在学校内各种各样的场合下，将我的笔记本进行展示：“大家都来学一学前田君的笔记法！”现在想来，其实自己的笔记本也说不上有多么优秀。也许，是因为我过度沉浸在失去双亲这件事上，一直没交什么朋友，老师为了鼓励我才会一个劲地那样做的吧。一想到那段时期老师给予我的关怀和爱，即便只是描述这一段过往，我也会禁不住流下泪来。老师特别自豪地展开我的笔记本的模样，一直烙印在我的脑海里。虽然不知道他能不能读到这本书，甚至都不知道他还记不记得我，我只想说一声：“吉野老师，真的很谢谢您。”

想到这里，不由得感觉必须要“Pay Forward”（传递爱）

才行。就像老师如此对待我一样，我也非常想要亲眼看看大家的笔记，然后发自内心地道出赞叹。希望能因此成为大家的“吉野老师”！

最后，还有一点。

一定会有读者认为“这个人是不是疯了”，或者觉得“为什么要做到这种程度？”

为了能与读到这里的你交心，我想再揭露一段自己人生中丑陋的情结体验。这是我对自己热衷笔记思考的根源进行探索时，总是会首先浮现于脑海的画面。

那就是“一个站在黑板前的少女形象”。

小学的时候，曾有一位尤其擅长学习的同年级女生。这位同学入读的是在当时整个地区最聪明的孩子才会去的那种私塾，而没有钱去那里的我，不论怎么努力也没法超过她的成绩。

那时我非常讨厌这位女生，讨厌得不得了。

其实她并没有做什么对不起我的事情，反而是位非常优秀又坦诚的同学。

也许，是我疯狂得脑子出了问题，才会抱着一种希望受到认可的情结。当这个世上我最爱的母亲去世之后，我就极度渴望被人爱，如果见到其他人受到了比我更多的爱，我就会羡慕到不行、眼红得不得了。这真是一种非常丑陋的情感，但这也是事实，让我后悔不已。

“仅仅因为出生环境不一样，我就要剥夺被爱的权利吗？”

“就因为她出生在更好的环境，我就战胜不了她吗？”

“为什么这个世界不爱我呢？”

每天晚上我都如此绝望，真的是夜夜后悔不已、哭泣不停。

那时的我为了要超过那位同学，才开始“记笔记”。在这一章的开始，我说是“为了让哥哥和老师开心”，这也不是假话。只是，写着写着就产生了一丝罪恶感，所以内心也很矛盾，最初也没想过要写下这段独白，可最后还是写了出来。我突然看透了自己当时心底的最深处，“记笔记”也许并不是“为了哥哥高兴”这种冠冕堂皇的利他目的，而是“为了让自己被人爱”的自私本欲吧。

在课堂上写下了那么多的笔记，老师以及周围的人就会将目光转到我身上。于是我把笔记当作一种武器，好让老师、周围的人们看向我。于是周围的人渐渐地也开始有了变化，相比对那位同学的关注，反而是对我的关注更多了起来。因为被认可，我才感受到了喜悦。

其实，我眼前时常会出现那个女孩的身影，而且还是在黑板前，她正要讲授一些大家还没学过的新内容。

这并不是睡梦中的景象，而是现实中的白日梦。画面就这样突然闪现于脑海里，从12岁起一直到现在，从未间断过。如此深深印入我脑海中的这幅画面中，还有一个命运的魔鬼出现在她的身后。魔鬼露出一丝讽刺的微笑，仿佛在嘲笑我“你再怎么努力也没用”。

为了打倒那个恶魔，我便拿起了笔。

从此，我获得了笔记思考这种魔力。

我用“笔记思考”的力量来超越那个比我优秀的女生，与自己的命运抗争。

这听起来很荒谬，但对当时的我来说，却是再真实不过的感受了。

说真的，到底要不要公开这段内容我其实困扰了很久。真心有点怕跟大家讲这样的话，因为实在是一种很难启齿的情感。可是，想到写这本书的目的就是告诉大家，无论怀抱怎样的初衷都无所谓，所以干脆就讲了出来。

这正是包含着我人生中的各种情感经历的笔记思考之旅，所以特别想倾尽所有地完成这本书，我也坚信这本书一定带有某种真正的魔力。也许你会觉得有些沉重，但仍然希望它能对你有所助益。

通过这本书，我介绍了很多理论方法。全心全意地希望笔记能将大家的人生变得更好，希望能将这份热忱、对于笔记的热情分享给大家。释放热情，改变自己，并将此传递给更多的人。将笔记当成自己最好的伙伴，希望大家能够真正地改变自己以及这个世界。

对我而言，笔记思考就是一种生活方式。

笔记思考可以了解世界，创造想法。

笔记思考可以了解自己，找到人生方向。

笔记思考可以找到梦想，释放热情。

这份热情确实能够打动自己，也能打动别人，并让人生、世界发生更大的改变。

现在这个瞬间，阅读至此的读者，读之前还是另一个人，在掌握了笔记思考的巨大魔力之后，就能进入更好的状态发挥出比以往大好几倍的实力。就好像战士获得了魔法，你会发现自己可以打倒之前没能打倒过的对手，也可能感觉“咦，怎么这么顺利就找到了灵感，问题这么快就解决了”。

这是一种强大的力量。

不要小看这种魔力，也不要滥用它，好好使用它，并坚持下去。希望大家能在今后的生活中渗透笔记思考的习惯，希望能有更多的伙伴会对笔记持有同样的热情。这就是我的心愿。

我也不会输给大家，我会更加努力，带着超乎寻常的热忱去赢得这个世界。这就是我的决心。

最后，衷心希望遇见这本书的你也能梦想成真，也希望获得笔记思考魔力的你能够遇见幸福。

笔记思考就是求生之道。我已经等不及想要看看你的笔记思考成果，以及人生因笔记思考而改变的那个喜悦的瞬间。翘首企盼笔记的这份魔力会让我们再相遇。

特别附录：自我分析1000问

级别① 关于梦想的100问

概括	1	为什么要回答这1000个问题，目的是什么？
	2	回答了这1000个问题之后，想要得到什么吗？
幼年期	3	将来的梦想是什么？
	4	理想的职业是什么？
	5	理想的人物形象是什么？
	6	理想的饮食生活是怎样的？
	7	理想的住处是怎样的？
	8	理想的年收入是多少？
	9	理想的伙伴是怎样的人？
	10	你的信念是什么？
小学时期	11	将来的梦想是什么？
	12	理想的职业是什么？
	13	理想的人物形象是什么？
	14	理想的饮食习惯是怎样的？
	15	理想的住处是怎样的？
	16	理想的年收入是多少？
	17	理想的伙伴是怎样的人？
	18	你的信念是什么？
初中时期	19	将来的梦想是什么？
	20	理想的职业是什么？
	21	理想的人物形象是什么？
	22	理想的饮食生活是怎样的？
	23	理想的住处是怎样的？
	24	理想的年收入是多少？

时期	序号	问题
初中时期	25	理想的伙伴是怎样的人？
	26	你的信念是什么？
高中时期	27	将来的梦想是什么？
	28	理想的职业是什么？
	29	理想的人物形象是什么？
	30	理想的饮食生活是怎样的？
	31	理想的住处是怎样的？
	32	理想的年收入是多少？
	33	理想的伙伴是怎样的人？
	34	你的信念是什么？
大学时期	35	将来的梦想是什么？
	36	理想的职业是什么？
	37	理想的人物形象是什么？
	38	理想的饮食生活是怎样的？
	39	理想的住处是怎样的？
	40	理想的年收入是多少？
	41	理想的伙伴是怎样的人？
	42	你的信念是什么？
社会人士（20岁以后）	43	将来的梦想是什么？
	44	理想的职业是什么？
	45	理想的人物形象是什么？
	46	理想的饮食生活是怎样的？
	47	理想的住处是怎样的？
	48	理想的年收入是多少？
	49	理想的伙伴是怎样的人？
	50	你的信念是什么？
未来	51	30岁时想做什么样的工作？
	52	30岁时是怎样的社会地位？

未来	53	30岁后，想对社会带来怎样的影响？
	54	30岁时的年收入是多少？
	55	希望把钱优先用在哪些地方？
	56	30岁时想住在哪里？
	57	30岁时的生活方式是怎样的？
	58	30岁时希望进行哪些新的挑战？
	59	30岁时希望被身边的人如何对待？
	60	40岁时想做什么样的工作？
	61	40岁时是怎样的社会地位？
	62	40岁后，想对社会带来怎样的影响？
	63	40岁时的年收入是多少？
	64	希望把钱优先用在哪些地方？
	65	40岁时想住在哪里？
	66	40岁时的生活方式是怎样的？
	67	40岁时希望进行哪些新的挑战？
	68	40岁时希望被身边的人如何对待？
	69	50岁时想做什么样的工作？
	70	50岁时是怎样的社会地位？
	71	50岁后，想对社会带来怎样的影响？
	72	50岁时的年收入是多少？
	73	希望把钱优先用在哪些地方？
	74	50岁时想住在哪里？
	75	50岁时的生活方式是怎样的？
	76	50岁时希望进行哪些新的挑战？
	77	50岁时希望被身边的人如何对待？
	78	希望自己工作到何时？
	79	到那时是怎样的社会地位？
	80	到那时，想对社会带来怎样的影响？

未来	81	到那时的年收入是多少？
	82	希望把钱优先用在哪些地方？
	83	到那时想住在哪里？
	84	到那时的生活方式是怎样的？
	85	到那时希望进行哪些新的挑战？
	86	到那时希望被身边的人如何对待？
	87	在离世之前想要做什么？（与家庭、亲戚相关的）
	88	在离世之前想要做什么？（与朋友相关的）
	89	在离世之前想要做什么？（与学习、工作相关的）
	90	在离世之前想要做什么？（与兴趣相关的）
	91	在离世之前想要做什么？（其他）
	92	打算如何迎来辞世的瞬间？
当下	93	将来的梦想是什么？
	94	理想的职业是什么？
	95	理想的人物形象是什么？
	96	理想的饮食生活是怎样的？
	97	理想的住处是怎样的？
	98	理想的年收入是多少？
	99	理想的伙伴是怎样的人？
	100	你的信念是什么？

级别② 关于性格的100问①

概括	1	为何还要回答剩下的900个问题，目的是什么？
	2	回答了剩下的900个问题后，希望得到什么？
幼年期	3	如何用一句话来介绍自己的性格？
	4	座右铭是什么？
	5	喜欢自己什么地方？

幼年期	6	讨厌自己什么地方?
	7	敬佩自己什么地方?
	8	为自己什么地方感到骄傲?
	9	有什么特殊情结吗?
	10	自己最在意的是什么?
	11	自己最疏远的是什么?
	12	觉得自己是否擅长读懂别人?
	13	是那种能听取别人意见的人吗?
	14	看待事物的想法是积极还是悲观呢?
	15	做决策时的标准是什么?
	16	运气算好吗?
小学时期	17	如何用一句话来介绍自己的性格?
	18	座右铭是什么?
	19	喜欢自己什么地方?
	20	讨厌自己什么地方?
	21	敬佩自己什么地方?
	22	为自己什么地方感到骄傲?
	23	有什么特殊情结吗?
	24	自己最在意的是什么?
	25	自己最疏远的是什么?
	26	觉得自己是否擅长读懂别人?
	27	是那种能听取别人意见的人吗?
	28	看待事物的想法是积极还是悲观呢?
	29	做决策时的标准是什么?
	30	运气算好吗?
初中时期	31	如何用一句话来介绍自己的性格?
	32	座右铭是什么?
	33	喜欢自己什么地方?

初中时期	34	讨厌自己什么地方?
	35	敬佩自己什么地方?
	36	为自己什么地方感到骄傲?
	37	有什么特殊情结吗?
	38	自己最在意的是什么?
	39	自己最疏远的是什么?
	40	觉得自己是否擅长读懂别人?
	41	是那种能听取别人意见的人吗?
	42	看待事物的想法是积极还是悲观呢?
	43	做决策时的标准是什么?
	44	运气算好吗?
高中时期	45	如何用一句话来介绍自己的性格?
	46	座右铭是什么?
	47	喜欢自己什么地方?
	48	讨厌自己什么地方?
	49	敬佩自己什么地方?
	50	为自己什么地方感到骄傲?
	51	有什么特殊情结吗?
	52	自己最在意的是什么?
	53	自己最疏远的是什么?
	54	觉得自己是否擅长读懂别人?
	55	是那种能听取别人意见的人吗?
	56	看待事物的想法是积极还是悲观呢?
	57	做决策时的标准是什么?
	58	运气算好吗?
大学时期	59	如何用一句话来介绍自己的性格?
	60	座右铭是什么?
	61	喜欢自己什么地方?

大学时期	62	讨厌自己什么地方？
	63	敬佩自己什么地方？
	64	为自己什么地方感到骄傲？
	65	有什么特殊情结吗？
	66	自己最在意的是什么？
	67	自己最疏远的是什么？
	68	觉得自己是否擅长读懂别人？
	69	是那种能听取别人意见的人吗？
	70	看待事物的想法是积极还是悲观呢？
	71	做决策时的标准是什么？
	72	运气算好吗？
社会人士（20岁以后）	73	如何用一句话来介绍自己的性格？
	74	座右铭是什么？
	75	喜欢自己什么地方？
	76	讨厌自己什么地方？
	77	敬佩自己什么地方？
	78	为自己什么地方感到骄傲？
	79	有什么特殊情结吗？
	80	自己最在意的是什么？
	81	自己最疏远的是什么？
	82	觉得自己是否擅长读懂别人？
	83	是那种能听取别人意见的人吗？
	84	看待事物的想法是积极还是悲观呢？
	85	做决策时的标准是什么？
	86	运气算好吗？
当下	87	如何用一句话来介绍自己的性格？
	88	座右铭是什么？
	89	喜欢自己什么地方？

当下	90	讨厌自己什么地方？
	91	敬佩自己什么地方？
	92	为自己什么地方感到骄傲？
	93	有什么特殊情结吗？
	94	自己最在意的是什么？
	95	自己最疏远的是什么？
	96	觉得自己是否擅长读懂别人？
	97	是那种能听取别人意见的人吗？
	98	看待事物的想法是积极还是悲观呢？
	99	做决策时的标准是什么？
	100	运气算好吗？

级别③　关于性格的100问②

概括	1	为何还要回答剩下的800个问题，目的是什么？
	2	回答了剩下的800个问题后，希望得到什么？
幼年期	3	如何用一句话来介绍自己的性格？
	4	自己的长处是什么？
	5	自己的不足是什么？
	6	更像父亲还是母亲？
	7	觉得自己有哪些擅长的地方？
	8	觉得自己有哪些不擅长的地方？
	9	性格属于外向还是内向？
	10	与人沟通属于擅长还是不擅长？
	11	第一次与别人打交道时，可以轻松侃侃而谈吗？
	12	喜欢自己一个人待着还是喜欢和大家打成一片？
	13	更多看到人好的一面还是不好的一面？
	14	关系最好的朋友最喜欢他/她什么地方？

幼年期	15	如果只能带一件东西到无人岛上，你会带什么？
	16	如果只能带一个人去无人岛，你会带谁？
小学时期	17	如何用一句话来介绍自己的性格？
	18	自己的长处是什么？
	19	自己的不足是什么？
	20	更像父亲还是母亲？
	21	觉得自己有哪些擅长的地方？
	22	觉得自己有哪些不擅长的地方？
	23	性格属于外向还是内向？
	24	与人沟通属于擅长还是不擅长？
	25	第一次与别人打交道时，可以轻松侃侃而谈吗？
	26	喜欢自己一个人待着还是喜欢和大家打成一片？
	27	更多看到人好的一面还是不好的一面？
	28	关系最好的朋友最喜欢他/她什么地方？
	29	如果只能带一件东西到无人岛上，你会带什么？
	30	如果只能带一个人去无人岛，你会带谁？
初中时期	31	如何用一句话来介绍自己的性格？
	32	自己的长处是什么？
	33	自己的不足是什么？
	34	更像父亲还是母亲？
	35	觉得自己有哪些擅长的地方？
	36	觉得自己有哪些不擅长的地方？
	37	性格属于外向还是内向？
	38	与人沟通属于擅长还是不擅长？
	39	第一次与别人打交道时，可以轻松侃侃而谈吗？
	40	喜欢自己一个人待着还是喜欢和大家打成一片？
	41	更多看到人好的一面还是不好的一面？
	42	关系最好的朋友最喜欢他/她什么地方？

初中时期	43	如果只能带一件东西到无人岛上，你会带什么？
	44	如果只能带一个人去无人岛，你会带谁？
高中时期	45	如何用一句话来介绍自己的性格？
	46	自己的长处是什么？
	47	自己的不足是什么？
	48	更像父亲还是母亲？
	49	觉得自己有哪些擅长的地方？
	50	觉得自己有哪些不擅长的地方？
	51	性格属于外向还是内向？
	52	与人沟通属于擅长还是不擅长？
	53	第一次与别人打交道时，可以轻松侃侃而谈吗？
	54	喜欢自己一个人待着还是喜欢和大家打成一片？
	55	更多看到人好的一面还是不好的一面？
	56	关系最好的朋友最喜欢他/她什么地方？
	57	如果只能带一件东西到无人岛上，你会带什么？
	58	如果只能带一个人去无人岛，你会带谁？
大学时期	59	如何用一句话来介绍自己的性格？
	60	自己的长处是什么？
	61	自己的不足是什么？
	62	更像父亲还是母亲？
	63	觉得自己有哪些擅长的地方？
	64	觉得自己有哪些不擅长的地方？
	65	性格属于外向还是内向？
	66	与人沟通属于擅长还是不擅长？
	67	第一次与别人打交道时，可以轻松侃侃而谈吗？
	68	喜欢自己一个人待着还是喜欢和大家打成一片？
	69	更多看到人好的一面还是不好的一面？
	70	关系最好的朋友最喜欢他/她什么地方？

大学时期	71	如果只能带一件东西到无人岛上，你会带什么？
	72	如果只能带一个人去无人岛，你会带谁？
社会人士（20岁以后）	73	如何用一句话来介绍自己的性格？
	74	自己的长处是什么？
	75	自己的不足是什么？
	76	更像父亲还是母亲？
	77	觉得自己有哪些擅长的地方？
	78	觉得自己有哪些不擅长的地方？
	79	性格属于外向还是内向？
	80	与人沟通属于擅长还是不擅长？
	81	第一次与别人打交道时，可以轻松侃侃而谈吗？
	82	喜欢自己一个人待着还是喜欢和大家打成一片？
	83	更多看到人好的一面还是不好的一面？
	84	关系最好的朋友最喜欢他/她什么地方？
	85	如果只能带一件东西到无人岛上，你会带什么？
	86	如果只能带一个人去无人岛，你会带谁？
当下	87	如何用一句话来介绍自己的性格？
	88	自己的长处是什么？
	89	自己的不足是什么？
	90	更像父亲还是母亲？
	91	觉得自己有哪些擅长的地方？
	92	觉得自己有哪些不擅长的地方？
	93	性格属于外向还是内向？
	94	与人沟通属于擅长还是不擅长？
	95	第一次与别人打交道时，可以轻松侃侃而谈吗？
	96	喜欢自己一个人待着还是喜欢和大家打成一片？
	97	更多看到人好的一面还是不好的一面？
	98	关系最好的朋友最喜欢他/她什么地方？

当下	99	如果只能带一件东西到无人岛上，你会带什么？
	100	如果只能带一个人去无人岛，你会带谁？

级别④　关于经历的100问①

概括	1	为何还要回答剩下的700个问题，目的是什么？
	2	回答了剩下的700个问题后，希望得到什么？
幼年期	3	最开心的事情是什么？
	4	最快乐的经历是什么？
	5	最幸福的事情是什么？
幼年期	6	最成功的体验是什么？
	7	最自豪的经历是什么？
	8	最感动的经历是什么？
	9	最努力的经历是什么？
	10	最受影响的事件是什么？
	11	最受影响的人是谁？
	12	与身边的人一同努力完成的最大的事情是什么？
	13	有没有影响到生存方式、思维方式的具体经验？
	14	最令你感到开心的话是什么？
	15	最让你难过的事情是什么？
	16	最痛苦的经历是什么？
小学时期	17	最开心的事情是什么？
	18	最快乐的经历是什么？
	19	最幸福的事情是什么？
	20	最成功的体验是什么？
	21	最自豪的经历是什么？
	22	最感动的经历是什么？
	23	最努力的经历是什么？

小学时期	24	最受影响的事件是什么?
	25	最受影响的人是谁?
	26	与身边的人一同努力完成的最大的事情是什么?
	27	有没有影响到生存方式、思维方式的具体经验?
	28	最令你感到开心的话是什么?
	29	最让你难过的事情是什么?
	30	最痛苦的经历是什么?
初中时期	31	最开心的事情是什么?
	32	最快乐的经历是什么?
	33	最幸福的事情是什么?
	34	最成功的体验是什么?
	35	最自豪的经历是什么?
	36	最感动的经历是什么?
	37	最努力的经历是什么?
	38	最受影响的事件是什么?
	39	最受影响的人是谁?
	40	与身边的人一同努力完成的最大的事情是什么?
	41	有没有影响到生存方式、思维方式的具体经验?
	42	最令你感到开心的话是什么?
	43	最让你难过的事情是什么?
	44	最痛苦的经历是什么?
高中时期	45	最开心的事情是什么?
	46	最快乐的经历是什么?
	47	最幸福的事情是什么?
	48	最成功的体验是什么?
	49	最自豪的经历是什么?
	50	最感动的经历是什么?
	51	最努力的经历是什么?

高中时期	52	最受影响的事件是什么？
	53	最受影响的人是谁？
	54	与身边的人一同努力完成的最大的事情是什么？
	55	有没有影响到生存方式、思维方式的具体经验？
	56	最令你感到开心的话是什么？
	57	最让你难过的事情是什么？
	58	最痛苦的经历是什么？
大学时期	59	最开心的事情是什么？
	60	最快乐的经历是什么？
	61	最幸福的事情是什么？
	62	最成功的体验是什么？
	63	最自豪的经历是什么？
	64	最感动的经历是什么？
	65	最努力的经历是什么？
	66	最受影响的事件是什么？
	67	最受影响的人是谁？
	68	与身边的人一同努力完成的最大的事情是什么？
	69	有没有影响到生存方式、思维方式的具体经验？
	70	最令你感到开心的话是什么？
	71	最让你难过的事情是什么？
	72	最痛苦的经历是什么？
社会人士（20岁以后）	73	最开心的事情是什么？
	74	最快乐的经历是什么？
	75	最幸福的事情是什么？
	76	最成功的体验是什么？
	77	最自豪的经历是什么？
	78	最感动的经历是什么？
	79	最努力的经历是什么？

社会人士（20岁以后）	80	最受影响的事件是什么？
	81	最受影响的人是谁？
	82	与身边的人一同努力完成的最大的事情是什么？
	83	有没有影响到生存方式、思维方式的具体经验？
	84	最令你感到开心的话是什么？
	85	最让你难过的事情是什么？
	86	最痛苦的经历是什么？
当下	87	最开心的事情是什么？
	88	最快乐的经历是什么？
	89	最幸福的事情是什么？
	90	最成功的体验是什么？
	91	最自豪的经历是什么？
	92	最感动的经历是什么？
	93	最努力的经历是什么？
	94	最受影响的事件是什么？
	95	最受影响的人是谁？
	96	与身边的人一同努力完成的最大的事情是什么？
	97	有没有影响到生存方式、思维方式的具体经验？
	98	最令你感到开心的话是什么？
	99	最让你难过的事情是什么？
	100	最痛苦的经历是什么？

级别⑤　关于经历的100问②

概括	1	为何还要回答剩下的600个问题，目的是什么？
	2	回答了剩下的600个问题后，希望得到什么？
幼年期	3	最令你感到被背叛的事情是什么？
	4	最大的挫折体验是什么？

幼年期	5	最感到羞耻的经历是什么?
	6	对哪件事情造成了极大的影响?
	7	对哪个人造成了极大的影响?
	8	最令你感到难过的话是什么?
	9	说过最大的谎言是什么?
	10	最不爱听的谎言是什么?
	11	最后悔的事情是什么?
	12	最伤自尊的经历是什么?
	13	最记忆犹新的发怒是因为哪一件事?
	14	最无法容忍的事情是什么?
	15	最反感的事情是什么?
	16	最大的秘密是什么?
小学时期	17	最令你感到被背叛的事情是什么?
	18	最大的挫折体验是什么?
	19	最感到羞耻的经历是什么?
	20	对哪件事情造成了极大的影响?
	21	对哪个人造成了极大的影响?
	22	最令你感到难过的话是什么?
	23	说过最大的谎言是什么?
	24	最不爱听的谎言是什么?
	25	最后悔的事情是什么?
	26	最伤自尊的经历是什么?
	27	最记忆犹新的发怒是因为哪一件事?
	28	最无法容忍的事情是什么?
	29	最反感的事情是什么?
	30	最大的秘密是什么?
初中时期	31	最令你感到被背叛的事情是什么?
	32	最大的挫折体验是什么?

初中时期	33	最感到羞耻的经历是什么？
	34	对哪件事情造成了极大的影响？
	35	对哪个人造成了极大的影响？
	36	最令你感到难过的话是什么？
	37	说过最大的谎言是什么？
	38	最不爱听的谎言是什么？
	39	最后悔的事情是什么？
	40	最伤自尊的经历是什么？
	41	最记忆犹新的发怒是因为哪一件事？
	42	最无法容忍的事情是什么？
	43	最反感的事情是什么？
	44	最大的秘密是什么？
高中时期	45	最令你感到被背叛的事情是什么？
	46	最大的挫折体验是什么？
	47	最感到羞耻的经历是什么？
	48	对哪件事情造成了极大的影响？
	49	对哪个人造成了极大的影响？
	50	最令你感到难过的话是什么？
	51	说过最大的谎言是什么？
	52	最不爱听的谎言是什么？
	53	最后悔的事情是什么？
	54	最伤自尊的经历是什么？
	55	最记忆犹新的发怒是因为哪一件事？
	56	最无法容忍的事情是什么？
	57	最反感的事情是什么？
	58	最大的秘密是什么？
大学时期	59	最令你感到被背叛的事情是什么？
	60	最大的挫折体验是什么？

<table>
<tr><td rowspan="12">大学时期</td><td>61</td><td>最感到羞耻的经历是什么？</td></tr>
<tr><td>62</td><td>对哪件事情造成了极大的影响？</td></tr>
<tr><td>63</td><td>对哪个人造成了极大的影响？</td></tr>
<tr><td>64</td><td>最令你感到难过的话是什么？</td></tr>
<tr><td>65</td><td>说过最大的谎言是什么？</td></tr>
<tr><td>66</td><td>最不爱听的谎言是什么？</td></tr>
<tr><td>67</td><td>最后悔的事情是什么？</td></tr>
<tr><td>68</td><td>最伤自尊的经历是什么？</td></tr>
<tr><td>69</td><td>最记忆犹新的发怒是因为哪一件事？</td></tr>
<tr><td>70</td><td>最无法容忍的事情是什么？</td></tr>
<tr><td>71</td><td>最反感的事情是什么？</td></tr>
<tr><td>72</td><td>最大的秘密是什么？</td></tr>
<tr><td rowspan="14">社会人士
（20岁以后）</td><td>73</td><td>最令你感到被背叛的事情是什么？</td></tr>
<tr><td>74</td><td>最大的挫折体验是什么？</td></tr>
<tr><td>75</td><td>最感到羞耻的经历是什么？</td></tr>
<tr><td>76</td><td>对哪件事情造成了极大的影响？</td></tr>
<tr><td>77</td><td>对哪个人造成了极大的影响？</td></tr>
<tr><td>78</td><td>最令你感到难过的话是什么？</td></tr>
<tr><td>79</td><td>说过最大的谎言是什么？</td></tr>
<tr><td>80</td><td>最不爱听的谎言是什么？</td></tr>
<tr><td>81</td><td>最后悔的事情是什么？</td></tr>
<tr><td>82</td><td>最伤自尊的经历是什么？</td></tr>
<tr><td>83</td><td>最记忆犹新的发怒是因为哪一件事？</td></tr>
<tr><td>84</td><td>最无法容忍的事情是什么？</td></tr>
<tr><td>85</td><td>最反感的事情是什么？</td></tr>
<tr><td>86</td><td>最大的秘密是什么？</td></tr>
<tr><td rowspan="2">当下</td><td>87</td><td>最令你感到被背叛的事情是什么？</td></tr>
<tr><td>88</td><td>最大的挫折体验是什么？</td></tr>
</table>

当下	89	最感到羞耻的经历是什么?
	90	对哪件事情造成了极大的影响?
	91	对哪个人造成了极大的影响?
	92	最令你感到难过的话是什么?
	93	说过最大的谎言是什么?
	94	最不爱听的谎言是什么?
	95	最后悔的事情是什么?
	96	最伤自尊的经历是什么?
	97	最记忆犹新的发怒是因为哪一件事?
	98	最无法容忍的事情是什么?
	99	最反感的事情是什么?
	100	最大的秘密是什么?

级别⑥　关于家人/亲戚的100问

概括	1	为何还要回答剩下的500个问题，目的是什么?
	2	回答了剩下的500个问题后，希望得到什么?
幼年期	3	跟父亲的关系如何?
	4	跟母亲的关系如何?
	5	跟兄弟姐妹的关系如何?
	6	跟祖父母的关系如何?
	7	跟亲戚的关系如何?
	8	有养过宠物吗?是怎样的回忆呢?
	9	在家里面是怎样的角色?
	10	在亲戚当中属于怎样的角色?
	11	与家人之间最好的回忆是什么?
	12	与家人之间最痛苦的回忆是什么?
	13	与亲戚之间最记忆犹新的事情是什么?

幼年期	14	跟家人之间有什么约定事项吗？
	15	家庭的教育方针是什么？
	16	家庭的经济情况如何？
小学时期	17	跟父亲的关系如何？
	18	跟母亲的关系如何？
	19	跟兄弟姐妹的关系如何？
	20	跟祖父母的关系如何？
	21	跟亲戚的关系如何？
	22	有养过宠物吗？是怎样的回忆呢？
	23	在家里面是怎样的角色？
	24	在亲戚当中属于怎样的角色？
	25	与家人之间最好的回忆是什么？
	26	与家人之间最痛苦的回忆是什么？
	27	与亲戚之间最记忆犹新的事情是什么？
	28	跟家人之间有什么约定事项吗？
	29	家庭的教育方针是什么？
	30	家庭的经济情况如何？
初中时期	31	跟父亲的关系如何？
	32	跟母亲的关系如何？
	33	跟兄弟姐妹的关系如何？
	34	跟祖父母的关系如何？
	35	跟亲戚的关系如何？
	36	有养过宠物吗？是怎样的回忆呢？
	37	在家里面是怎样的角色？
	38	在亲戚当中属于怎样的角色？
	39	与家人之间最好的回忆是什么？
	40	与家人之间最痛苦的回忆是什么？
	41	与亲戚之间最记忆犹新的事情是什么？

初中时期	42	跟家人之间有什么约定事项吗?
	43	家庭的教育方针是什么?
	44	家庭的经济情况如何?
高中时期	45	跟父亲的关系如何?
	46	跟母亲的关系如何?
	47	跟兄弟姐妹的关系如何?
	48	跟祖父母的关系如何?
	49	跟亲戚的关系如何?
	50	有养过宠物吗? 是怎样的回忆呢?
	51	在家里面是怎样的角色?
	52	在亲戚当中属于怎样的角色?
	53	与家人之间最好的回忆是什么?
	54	与家人之间最痛苦的回忆是什么?
	55	与亲戚之间最记忆犹新的事情是什么?
	56	跟家人之间有什么约定事项吗?
	57	家庭的教育方针是什么?
	58	家庭的经济情况如何?
大学时期	59	跟父亲的关系如何?
	60	跟母亲的关系如何?
	61	跟兄弟姐妹的关系如何?
	62	跟祖父母的关系如何?
	63	跟亲戚的关系如何?
	64	有养过宠物吗? 是怎样的回忆呢?
	65	在家里面是怎样的角色?
	66	在亲戚当中属于怎样的角色?
	67	与家人之间最好的回忆是什么?
	68	与家人之间最痛苦的回忆是什么?
	69	与亲戚之间最记忆犹新的事情是什么?

<table>
<tr><td rowspan="3">大学时期</td><td>70</td><td>跟家人之间有什么约定事项吗?</td></tr>
<tr><td>71</td><td>家庭的教育方针是什么?</td></tr>
<tr><td>72</td><td>家庭的经济情况如何?</td></tr>
<tr><td rowspan="14">社会人士
（20岁以后）</td><td>73</td><td>跟父亲的关系如何?</td></tr>
<tr><td>74</td><td>跟母亲的关系如何?</td></tr>
<tr><td>75</td><td>跟兄弟姐妹的关系如何?</td></tr>
<tr><td>76</td><td>跟祖父母的关系如何?</td></tr>
<tr><td>77</td><td>跟亲戚的关系如何?</td></tr>
<tr><td>78</td><td>有养过宠物吗？是怎样的回忆呢?</td></tr>
<tr><td>79</td><td>在家里面是怎样的角色?</td></tr>
<tr><td>80</td><td>在亲戚当中属于怎样的角色?</td></tr>
<tr><td>81</td><td>与家人之间最好的回忆是什么?</td></tr>
<tr><td>82</td><td>与家人之间最痛苦的回忆是什么?</td></tr>
<tr><td>83</td><td>与亲戚之间最记忆犹新的事情是什么?</td></tr>
<tr><td>84</td><td>跟家人之间有什么约定事项吗?</td></tr>
<tr><td>85</td><td>家庭的教育方针是什么?</td></tr>
<tr><td>86</td><td>家庭的经济情况如何?</td></tr>
<tr><td rowspan="11">当下</td><td>87</td><td>跟父亲的关系如何?</td></tr>
<tr><td>88</td><td>跟母亲的关系如何?</td></tr>
<tr><td>89</td><td>跟兄弟姐妹的关系如何?</td></tr>
<tr><td>90</td><td>跟祖父母的关系如何?</td></tr>
<tr><td>91</td><td>跟亲戚的关系如何?</td></tr>
<tr><td>92</td><td>有养过宠物吗？是怎样的回忆呢?</td></tr>
<tr><td>93</td><td>在家里面是怎样的角色?</td></tr>
<tr><td>94</td><td>在亲戚当中属于怎样的角色?</td></tr>
<tr><td>95</td><td>与家人之间最好的回忆是什么?</td></tr>
<tr><td>96</td><td>与家人之间最痛苦的回忆是什么?</td></tr>
<tr><td>97</td><td>与亲戚之间最记忆犹新的事情是什么?</td></tr>
</table>

当下	98	跟家人之间有什么约定事项吗?
	99	家庭的教育方针是什么?
	100	家庭的经济情况如何?

级别⑦　关于朋友/熟人的100问

概括	1	为何还要回答剩下的400个问题，目的是什么?
	2	回答了剩下的400个问题后，希望得到什么?
幼年期	3	跟哪种人比较合得来?(同龄人)
	4	跟哪种人比较合得来?(长辈)
	5	跟哪种人比较合得来?(晚辈)
	6	跟哪种人不太合得来?(同龄人)
	7	跟哪种人不太合得来?(长辈)
	8	跟哪种人不太合得来?(晚辈)
	9	哪种人你会比较尊敬?(同龄人)
	10	哪种人你会比较尊敬?(长辈)
	11	哪种人你会比较尊敬?(晚辈)
	12	对哪种类型的人会产生爱慕的情感?
	13	一般会怎样与朋友相处?
	14	一般会怎样与长辈相处?
	15	一般会怎样与晚辈相处?
	16	一般会怎样与喜欢的人/恋人相处?
小学时期	17	跟哪种人比较合得来?(同龄人)
	18	跟哪种人比较合得来?(长辈)
	19	跟哪种人比较合得来?(晚辈)
	20	跟哪种人不太合得来?(同龄人)
	21	跟哪种人不太合得来?(长辈)
	22	跟哪种人不太合得来?(晚辈)

小学时期	23	哪种人你会比较尊敬？（同龄人）
	24	哪种人你会比较尊敬？（长辈）
	25	哪种人你会比较尊敬？（晚辈）
	26	对哪种类型的人会产生爱慕的情感？
	27	一般会怎样与朋友相处？
	28	一般会怎样与长辈相处？
	29	一般会怎样与晚辈相处？
	30	一般会怎样与喜欢的人/恋人相处？
初中时期	31	跟哪种人比较合得来？（同龄人）
	32	跟哪种人比较合得来？（长辈）
	33	跟哪种人比较合得来？（晚辈）
	34	跟哪种人不太合得来？（同龄人）
	35	跟哪种人不太合得来？（长辈）
	36	跟哪种人不太合得来？（晚辈）
	37	哪种人你会比较尊敬？（同龄人）
	38	哪种人你会比较尊敬？（长辈）
	39	哪种人你会比较尊敬？（晚辈）
	40	对哪种类型的人会产生爱慕的情感？
	41	一般会怎样与朋友相处？
	42	一般会怎样与长辈相处？
	43	一般会怎样与晚辈相处？
	44	一般会怎样与喜欢的人/恋人相处？
高中时期	45	跟哪种人比较合得来？（同龄人）
	46	跟哪种人比较合得来？（长辈）
	47	跟哪种人比较合得来？（晚辈）
	48	跟哪种人不太合得来？（同龄人）
	49	跟哪种人不太合得来？（长辈）
	50	跟哪种人不太合得来？（晚辈）

时期	序号	问题
高中时期	51	那哪人你会比较尊敬？（同龄人）
	52	那哪人你会比较尊敬？（长辈）
	53	那哪人你会比较尊敬？（晚辈）
	54	对哪种类型的人会产生爱慕的情感？
	55	一般会怎样与朋友相处？
	56	一般会怎样与长辈相处？
	57	一般会怎样与晚辈相处？
	58	一般会怎样与喜欢的人/恋人相处？
大学时期	59	跟哪种人比较合得来？（同龄人）
	60	跟哪种人比较合得来？（长辈）
	61	跟哪种人比较合得来？（晚辈）
	62	跟哪种人不太合得来？（同龄人）
	63	跟哪种人不太合得来？（长辈）
	64	跟哪种人不太合得来？（晚辈）
	65	哪种人你会比较尊敬？（同龄人）
	66	哪种人你会比较尊敬？（长辈）
	67	哪种人你会比较尊敬？（晚辈）
	68	对哪种类型的人会产生爱慕的情感？
	69	一般会怎样与朋友相处？
	70	一般会怎样与长辈相处？
	71	一般会怎样与晚辈相处？
	72	一般会怎样与喜欢的人/恋人相处？
社会人士（20岁以后）	73	跟哪种人比较合得来？（同龄人）
	74	跟哪种人比较合得来？（长辈）
	75	跟哪种人比较合得来？（晚辈）
	76	跟哪种人不太合得来？（同龄人）
	77	跟哪种人不太合得来？（长辈）
	78	跟哪种人不太合得来？（晚辈）

社会人士（20岁以后）	79	哪种人你会比较尊敬？（同龄人）
	80	哪种人你会比较尊敬？（长辈）
	81	哪种人你会比较尊敬？（晚辈）
	82	对哪种类型的人会产生爱慕的情感？
	83	一般会怎样与朋友相处？
	84	一般会怎样与长辈相处？
	85	一般会怎样与晚辈相处？
	86	一般会怎样与喜欢的人/恋人相处？
当下	87	跟哪种人比较合得来？（同龄人）
	88	跟哪种人比较合得来？（长辈）
	89	跟哪种人比较合得来？（晚辈）
	90	跟哪种人不太合得来？（同龄人）
	91	跟哪种人不太合得来？（长辈）
	92	跟哪种人不太合得来？（晚辈）
	93	哪种人你会比较尊敬？（同龄人）
	94	哪种人你会比较尊敬？（长辈）
	95	哪种人你会比较尊敬？（晚辈）
	96	对哪种类型的人会产生爱慕的情感？
	97	一般会怎样与朋友相处？
	98	一般会怎样与长辈相处？
	99	一般会怎样与晚辈相处？
	100	一般会怎样与喜欢的人/恋人相处？

级别⑧　关于学习/工作的100问①

概括	1	为何还要回答剩下的300个问题，目的是什么？
	2	回答了剩下的300个问题后，希望得到什么？
幼年期	3	选择的是哪里的学前班/幼儿园？为什么？
	4	喜欢的时间是？

<table>
<tr><td rowspan="12">幼年期</td><td>5</td><td>讨厌的时间是?</td></tr>
<tr><td>6</td><td>在学习或玩耍时最想实现的目标是什么?</td></tr>
<tr><td>7</td><td>在学习或玩耍时通过努力获得了什么成果?</td></tr>
<tr><td>8</td><td>在学习或玩耍时遇到了什么挫折?</td></tr>
<tr><td>9</td><td>通过学习或玩耍获得了什么?</td></tr>
<tr><td>10</td><td>在演讲会上最想实现的目标是什么?</td></tr>
<tr><td>11</td><td>在演讲时经过努力获得了成果的经历是什么?</td></tr>
<tr><td>12</td><td>在演讲时发生过挫折的经历是什么?</td></tr>
<tr><td>13</td><td>通过演讲获得了什么?</td></tr>
<tr><td>14</td><td>在学前班/幼儿园时有没有积极主动地发过言?</td></tr>
<tr><td>15</td><td>能做到集中倾听老师说的话吗?</td></tr>
<tr><td>16</td><td>休息的时候一般都玩些什么?</td></tr>
<tr><td rowspan="14">小学时期</td><td>17</td><td>选择的是哪里的小学?为什么?</td></tr>
<tr><td>18</td><td>喜欢的科目是?</td></tr>
<tr><td>19</td><td>讨厌的科目是?</td></tr>
<tr><td>20</td><td>在学习时最想实现的目标是什么?</td></tr>
<tr><td>21</td><td>在学习或玩耍时通过努力获得了什么成果?</td></tr>
<tr><td>22</td><td>在学习或玩耍时遇到了什么挫折?</td></tr>
<tr><td>23</td><td>通过学习获得了什么?</td></tr>
<tr><td>24</td><td>在兴趣班上最想实现的目标是什么?</td></tr>
<tr><td>25</td><td>在兴趣班上经过努力获得了成果的经历是什么?</td></tr>
<tr><td>26</td><td>在兴趣班上遇到了什么挫折?</td></tr>
<tr><td>27</td><td>通过兴趣班获得了什么?</td></tr>
<tr><td>28</td><td>在上课时有没有积极主动地发过言?</td></tr>
<tr><td>29</td><td>能做到集中精力倾听课程吗?</td></tr>
<tr><td>30</td><td>会以怎样的态度对待作业这件事?</td></tr>
<tr><td rowspan="3">初中时期</td><td>31</td><td>选择的是哪里的初中?为什么?</td></tr>
<tr><td>32</td><td>喜欢的科目是?</td></tr>
<tr><td>33</td><td>讨厌的科目是?</td></tr>
</table>

初中时期	34	在学习时最想实现的目标是什么？
	35	在学习或玩耍时通过努力获得了什么成果？
	36	在学习时遇到了什么挫折？
	37	通过学习获得了什么？
	38	在兴趣班上最想实现的目标是什么？
	39	在兴趣班上经过努力获得了什么成果？
	40	在兴趣班上遇到了什么挫折？
	41	通过兴趣班获得了什么？
	42	在上课时有没有积极主动地发过言？
	43	能做到集中精力倾听课程吗？
	44	会以怎样的态度对待作业这件事？
高中时期	45	选择的是哪里的高中？为什么？
	46	喜欢的科目是？
	47	讨厌的科目是？
	48	在学习时最想实现的目标是什么？
	49	在学习或玩耍时通过努力获得了什么成果？
	50	在学习时遇到了什么挫折？
	51	通过学习获得了什么？
	52	在兴趣班上最想实现的目标是什么？
	53	在兴趣班上经过努力获得了什么成果？
	54	在兴趣班上遇到了什么挫折？
	55	通过兴趣班获得了什么？
	56	在上课时有没有积极主动地发过言？
	57	能做到集中精力倾听课程吗？
	58	会以怎样的态度对待作业这件事？
大学时期	59	选择的是哪里的大学？为什么？
	60	喜欢的科目是？
	61	讨厌的科目是？

大学时期	62	在学习时最想实现的目标是什么？
	63	在学习或玩耍时通过努力获得了什么成果？
	64	在学习时遇到了什么挫折？
	65	通过学习获得了什么？
	66	在兴趣班上最想实现的目标是什么？
	67	在兴趣班上经过努力获得了什么成果？
	68	在兴趣班上遇到了什么挫折？
	69	通过兴趣班获得了什么？
	70	在上课时有没有积极主动地发过言？
	71	能做到集中精力倾听课程吗？
	72	会以怎样的态度对待研究课题这件事？
社会人士（20岁以后）	73	选择的是哪家企业？为什么？
	74	喜欢的任务是？
	75	讨厌的任务是？
	76	在工作时最想实现的目标是什么？
	77	在工作时通过努力获得了什么成果？
	78	在工作时遇到了什么挫折？
	79	通过工作获得了什么？
	80	在项目上最想实现的目标是什么？
	81	在做项目时经过努力获得了什么成果？
	82	在做项目时遇到了什么挫折？
	83	通过项目获得了什么？
	84	在会议时有没有积极主动地发过言？
	85	能做到集中精力倾听会议吗？
	86	会以怎样的态度对待工作这件事？
当下	87	喜欢哪方面的学习？
	88	讨厌哪方面的学习？
	89	喜欢怎样的工作？

当下	90	讨厌怎样的工作？
	91	课业上最大的成果是什么？
	92	课业上最后悔的事情是什么？
	93	在兴趣班留下的最大成绩是什么？
	94	在兴趣班留下的最大遗憾是什么？
	95	在委员会留下的最大成绩是什么？
	96	在委员会留下的最大遗憾是什么？
	97	在课外活动留下的最大成绩是什么？
	98	在课外活动留下的最大遗憾是什么？
	99	在技能学习上留下的最大成绩是什么？
	100	在技能学习上留下的最大遗憾是什么？

级别⑨　关于学习/工作的100问②

概括	1	为何还要回答剩下的200个问题，目的是什么？
	2	回答了剩下的200个问题后，希望得到什么？
幼年期	3	在学习技能时最想达到的目标是什么？
	4	在学习技能时经过努力获得了什么成果？
	5	在学习技能时经历过什么挫折？
	6	通过学习技能获得了什么？
	7	在学前班/幼儿园中最热衷于做什么？
	8	老师在你的评价栏里都写了些什么？
小学时期	9	在委员会的时候最想实现的目标是什么？
	10	在委员会通过努力获得了什么成果？
	11	在委员会经历过什么挫折？
	12	通过委员会获得了什么？
	13	在课外活动的时候最想实现的目标是什么？
	14	在课外活动时通过努力获得了什么成果？

小学时期	15	在课外活动时经历过什么挫折？
	16	通过课外活动获得了什么？
	17	在学习技能的时候最想实现的目标是什么？
	18	在学习技能时通过努力获得了什么成果？
	19	在学习技能时经历过什么挫折？
	20	通过学习技能获得了什么？
	21	在小学校园中最热衷于做什么？
	22	老师在你的通评价栏里都写了些什么？
初中时期	23	在委员会的时候最想实现的目标是什么？
	24	在委员会通过努力获得了什么成果？
	25	在委员会经历过什么挫折？
	26	通过委员会获得了什么？
	27	在课外活动的时候最想实现的目标是什么？
	28	在课外活动时通过努力获得了什么成果？
	29	在课外活动时经历过什么挫折？
	30	通过课外活动获得了什么？
	31	在学习技能的时候最想实现的目标是什么？
	32	在学习技能时通过努力获得了什么成果？
	33	在学习技能时经历过什么挫折？
	34	通过技能学习获得了什么？
	35	在初中校园中最热衷于做什么？
	36	老师在你的评价栏里都写了些什么？
高中时期	37	在委员会的时候最想实现的目标是什么？
	38	在委员会通过努力获得了什么成果？
	39	在委员会经历过什么挫折？
	40	通过委员会获得了什么？
	41	在课外活动的时候最想实现的目标是什么？
	42	在课外活动时通过努力获得了什么成果？

高中时期	43	在课外活动时经历过什么挫折?
	44	通过课外活动获得了什么?
	45	在学习技能的时候最想实现的目标是什么?
	46	在学习技能时通过努力获得了什么成果?
	47	在学习技能时经历过什么挫折?
	48	通过技能学习获得了什么?
	49	在高中校园中最热衷于做什么?
	50	老师在你的评价栏里都写了些什么?
	51	在打工时最想实现的目标是什么?
	52	在打工时通过努力获得了什么成果?
	53	在打工时经历过什么挫折?
	54	通过打工获得了什么?
大学时期	55	在研究小组（研究室）的时候最想实现的目标是什么?
	56	在研究小组（研究室）通过努力获得了什么成果?
	57	在研究小组（研究室）经历过什么挫折?
	58	通过研究小组（研究室）获得了什么?
	59	在课外活动的时候最想实现的目标是什么?
	60	在课外活动通过努力获得了什么成果?
	61	在课外活动经历过的挫折是什么?
	62	通过课外活动获得了什么?
	63	在技能学习的时候最想实现的目标是什么?
	64	在技能学习通过努力获得成果的经历是什么?
	65	在技能学习经历过什么挫折?
	66	通过技能学习获得了什么?
	67	在大学校园中最热衷于做什么?
	68	教授通常会给你怎样的反馈?
	69	在打工的时候最想实现的目标是什么?
	70	在打工时通过努力获得了什么成果?

大学时期	71	在打工时经历过什么挫折?
	72	通过打工获得了什么?
社会人士（20岁以后）	73	在副业/兼职的时候最想实现的目标是什么?
	74	在副业/兼职时通过努力获得了什么成果?
	75	在副业/兼职时经历过什么挫折?
	76	通过副业/兼职获得了什么?
	77	在社外活动的时候最想实现的目标是什么?
	78	在社外活动中通过努力获得了什么成果?
	79	在社外活动中经历过什么挫折?
	80	通过社外活动获得了什么?
	81	在学习技能的时候最想实现的目标是什么?
	82	在学习技能时通过努力获得了什么成果?
	83	在学习技能时经历过什么挫折?
	84	通过技能学习获得了什么?
	85	在公司里最热衷于做什么?
	86	领导最常给你怎样的反馈?
当下	87	在学习方面最开心的事情是什么?
	88	在学习方面最痛苦的事情是什么?
	89	在工作方面最开心的事情是什么?
	90	在工作方面最痛苦的事情是什么?
	91	在公司的工作上最大的成果是什么?
	92	在公司的工作上最大的遗憾是什么?
	93	在打工时最大的成果是什么?
	94	在打工时最大的遗憾是什么?
	95	在副业上最大的成果是什么?
	96	在副业上最大的遗憾是什么?
	97	现在最想学习什么?
	98	现在学习得最深入的是哪个领域?

当下	99	现在最想做的工作是什么？
	100	现在最擅长的业务是什么？

级别⑩　关于兴趣/爱好的100问

概括	1	为何还要回答剩下的100个问题，目的是什么？
	2	回答了剩下的100个问题后，希望得到什么？
幼年期	3	喜欢的食物/饮品是什么？
	4	喜欢如何度过时光？
	5	喜欢的游戏是什么？
	6	喜欢的漫画是什么？
	7	喜欢的颜色是什么？
	8	喜欢的艺术作品是什么？
	9	喜欢的书是什么？
	10	喜欢的演出/电影是什么？
	11	喜欢的电视节目是什么？
	12	喜欢的音乐是什么？
	13	喜欢的品牌是什么？
	14	喜欢的国家/地区是哪里？
	15	喜欢的食物/饮品是什么？
	16	喜欢如何度过时光？
	17	喜欢的游戏是什么？
	18	喜欢的漫画是什么？
	19	喜欢的颜色是什么？
	20	喜欢的艺术作品是什么？
	21	喜欢的书是什么？
	22	喜欢的演出/电影是什么？
	23	喜欢的电视节目是什么？

幼年期	24	喜欢的音乐是什么？
	25	喜欢的品牌是什么？
	26	喜欢的国家/地区是哪里？
小学时期	27	喜欢的食物/饮品是什么？
	28	喜欢如何度过时光？
	29	喜欢的游戏是什么？
	30	喜欢的漫画是什么？
	31	喜欢的颜色是什么？
	32	喜欢的艺术作品是什么？
	33	喜欢的书是什么？
	34	喜欢的演出/电影是什么？
	35	喜欢的电视节目是什么？
	36	喜欢的音乐是什么？
	37	喜欢的品牌/厂家是什么？
	38	喜欢的国家/地区是哪里？
初中时期	39	喜欢的食物/饮品是什么？
	40	喜欢如何度过时光？
	41	喜欢的游戏是什么？
	42	喜欢的漫画是什么？
	43	喜欢的颜色是什么？
	44	喜欢的艺术作品是什么？
	45	喜欢的书是什么？
	46	喜欢的演出/电影是什么？
	47	喜欢的电视节目是什么？
	48	喜欢的音乐是什么？
	49	喜欢的品牌是什么？
	50	喜欢的国家/地区是哪里？
高中时期	51	喜欢的食物/饮品是什么？

高中时期	52	喜欢如何度过时光？
	53	喜欢的游戏是什么？
	54	喜欢的漫画是什么？
	55	喜欢的颜色是什么？
	56	喜欢的艺术作品是什么？
	57	喜欢的书是什么？
	58	喜欢的演出/电影是什么？
	59	喜欢的电视节目是什么？
	60	喜欢的音乐是什么？
	61	喜欢的品牌是什么？
	62	喜欢的国家/地区是哪里？
大学时期	63	喜欢的食物/饮品是什么？
	64	喜欢如何度过时光？
	65	喜欢的游戏是什么？
	66	喜欢的漫画是什么？
	67	喜欢的颜色是什么？
	68	喜欢的艺术作品是什么？
	69	喜欢的书是什么？
	70	喜欢的演出/电影是什么？
	71	喜欢的电视节目是什么？
	72	喜欢的音乐是什么？
	73	喜欢的品牌是什么？
	74	喜欢的国家/地区是哪里？
社会人士（20岁以后）	75	喜欢的食物/饮品是什么？
	76	喜欢如何度过时光？
	77	喜欢的游戏是什么？
	78	喜欢的漫画是什么？
	79	喜欢的颜色是什么？

社会人士（20岁以后）	80	喜欢的艺术作品是什么？
	81	喜欢的书是什么？
	82	喜欢的演出/电影是什么？
	83	喜欢的电视节目是什么？
	84	喜欢的音乐是什么？
	85	喜欢的品牌是什么？
	86	喜欢的国家/地区是哪里？
当下	87	喜欢的食物/饮品是什么？
	88	喜欢如何度过时光？
	89	喜欢的游戏是什么？
	90	喜欢的漫画是什么？
	91	喜欢的颜色是什么？
	92	喜欢的艺术作品是什么？
	93	喜欢的书是什么？
	94	喜欢的演出/电影是什么？
	95	喜欢的电视节目是什么？
	96	喜欢的音乐是什么？
	97	喜欢的品牌是什么？
	98	喜欢的国家/地区是哪里？
结论	99	回答了1000个问题之后，达成最初的目的了吗？
	100	回答了1000个问题之后，有什么收获吗？

如何写出一篇好文章

不动笔就能学会写文章的训练法

★ 写文章并不是作家的专权！

★ 生活中随时会需要写点东西，有的是长文，有的是短文，从邮件、文案到报告、调查，无所不包。

★ 这本书的神奇之处就在于，告诉我们一个写作的真谛：不动笔就能学会写文章。更重要的是，这一真谛可以通过训练来掌握。

ISBN：9787515356006

著　者：[日] 山口拓朗

出版社：中国青年出版社

定　价：49.00元

如何写出一篇好文章？

一篇文章的好坏，九成取决于动笔之前。

即便不是作家，或文字工作者，相信每个人都有枯坐在桌前，面对空白的Word文档苦苦思索的经验。

不管是Email、广告文案还是企划书，“写不出来”“不知该如何开始”“写的东西没办法说服人”……永远都是职场菜鸟、写作小白的噩梦。

本书并非专门写给“写手”——职业作家或记者看的，而是写给普通人的写作书。本书作者在成为日本写作高手之前，文章被批评为无趣、不具说服力、没有观点……差点失去了成为职业写作者的信心。通过不断思考何谓“好看的文章”，终于将“随便写写”上升到“写之前先准备”“思考过后再写”“写时思路清晰”……下笔必成的状态。

九宫格写作法

如何写出一篇好文章

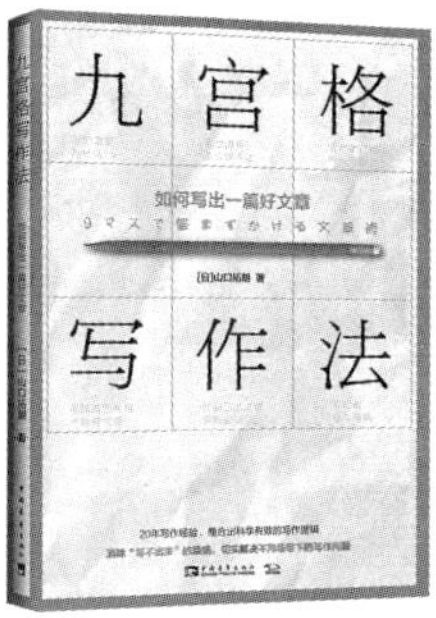

ISBN：9787515361819

著　者：〔日〕山口拓朗

出版社：中国青年出版社

定　价：59.00元

◆ “写文章”不只是出于专业需要、学术需要，它已成为个人发展和日常交际必备的底层技能，大到策划案、小到外卖评价，都需要收集、整理素材，输出内容。本书提供的正是对这一技能的有效训练。

◆ 本书给出了简单、易操作且经实践有效的写作方法，九宫格就像充满趣味的填字游戏，激发人们“看到空格就想填满”的本能天性，帮助人们以简单的框架梳理繁杂的信息，应对各个场景下的写作需求。

◆ 作者山口拓朗是亚洲知名的商业撰稿人、畅销书作者，致力于实用类写作技能的研究和培训，聚焦生活场景中的应用文写作，并针对自媒体时代社交平台的特性分享了独到的写作方法。

写文章是你的痛点吗?

本书以独特的“九宫格”为框架，启发读者直面自己的观点和感受，收集素材、推敲文笔、巧用模板，逻辑清晰地将已知信息有效输出。

作者用积累了20余年的写作经验整合出一套科学有效的写作逻辑，为你消除“写不出来”的烦恼，用极简的方法提升个人极为重要的底层技能。

也许你是整日与邮件打交道的白领，也许你是急需优质文案的策划人，也许你只是想好好发个朋友圈的普通人……本书就是为你量身打造的“写作秘籍”，从此轻松应对日常场景下的写作需求。

现在，填满“九宫格”，升级你的写作技能!

模板写作法

世界上最简单的写作课

亚洲知名商业撰稿人　畅销书作家

1972年生于日本鹿儿岛县，成长于神奈川县。曾在出版社担任编辑和记者，之后成为自由作家，20余年间采访超过3000人。

ISBN：9787515363394
著　者：（日）山口拓朗
出版社：中国青年出版社
定　价：49.00元

★ 日本写作大师山口拓朗20多年写作心法集成！

★ 写作极简速成法：将写作放到模板中，懒人也能写出好文章！

★ 勘破写作的秘密："列举型""故事型""结论优先型"三种有效且通俗流畅的写作模板，以及在三种基础模板的基础上组合得出的若干种"组合型"模板！

这是一本懒人必备的模板写作指导书。

"写点什么"是当代人无法摆脱的一大难题。

那么，写作难道没有章法可循？答案当然是"有"。

尤其对于实用文而言，写作的基本要求就是高效且清晰，对此模板便提供了有效的章法。日本著名的写作大师、畅销书作者山口拓朗基于20余年的写作经验，总结出了列举型、故事型、结论优先型三种基础的写作模板，并提供了基础之上的多种进阶组合模板，以实践有效的方法为你找到一条实现写作自由的"捷径"。